纸盒包装刀版设计

范云鹏　著

辽宁美术出版社

图书在版编目（CIP）数据

纸盒包装刀版设计 / 范云鹏著. -- 沈阳 ：辽宁美术出版社，2012.8

ISBN 978-7-5314-5134-1

Ⅰ．①纸… Ⅱ．①范… Ⅲ．①包装容器－包装纸板－包装设计 Ⅳ．①TB484.1

中国版本图书馆CIP数据核字(2012)第151543号

出 版 者：辽宁美术出版社
地　　址：沈阳市和平区民族北街29号　邮编：110001
发 行 者：辽宁美术出版社
印 刷 者：沈阳市新友印刷有限公司
开　　本：889mm×1194mm　1/32
印　　张：9
字　　数：165千字
出版时间：2012年8月第1版
印刷时间：2012年8月第1次印刷
责任编辑：光　辉
技术编辑：徐　杰　霍　磊
责任校对：张亚迪
ISBN 978-7-5314-5134-1
定　　价：38.00元

邮购部电话：024-83833008
E-mail:lnmscbs@163.com
http://www.lnpgc.com.cn
图书如有印装质量问题请与出版部联系调换
出版部电话：024-23835227

艺术设计是实用艺术与艺术学、自然学科、人文社会学科、科学技术等综合知识的结合体，"设计"更多的是服务于人类的生活，"艺术"则会让人得到美的启迪与享受。艺术设计的核心特征还是在于实践。

做平面设计一定要懂印刷前、中、后工艺，如果不懂印刷工艺会给印前、印中、印后带来很多麻烦，甚至无法生产。

设计的目标在于市场的应用。要想成为优秀的设计师，必须要了解所学专业的后期制作工艺流程，要详细了解市场需求。作为一名平面设计师更应如此。

随着经济的高度发展，人们审美的需求也更加多元化。对商品包装的整体设计要求也越来越高，从而商品包装的观念也发生了巨大变化。这种变化的主要表现形式之一，就是对商品包装材料的应用与印刷工艺的要求越来越高。琳琅满目、精美无比的商品包装作品比比皆是，这些被印刷出来的产物依靠什么？无非是具备了以下三个条件：首先是设计师的出色设计；其次是印刷工业的高度科技化；最后是在机器前操作实务的专业技师们的临场经验也是产品成功的所在。所以一件完美的成品是经过多人的努力与多年累积的经验精心打造而成的。

在包装设计生产的最后阶段就要说到模切了。模切是印刷品后期加工的一种裁切工艺，模切工艺可以把印刷品或者其他纸制品按照事先设计好的图形制作成模切刀版进行裁切，从而使印刷品的形状不再局限于直边直角。模切生产用模切刀根据产品设计要求的图样组合成模切版，在压力的作用下，将印刷品或其他板状坯料轧切成所需形状或切痕的成型工艺。压痕工艺则是利用压线刀或压线模，通过压力的作用在板料上压出线痕，或利用滚线轮在板料上滚出线痕，以便板料能按预定位置进行弯折成形。通常模切压痕工艺是把模切刀和压线刀组合在同一个模板内，在模切机上同时进行模切和压痕加工的工艺，简称为模切。

模切版，也就是刀版。制作刀版之前需要设计刀版图。刀版图是按照最终印刷品的成品外沿用线条的方式画出来，有时是需要先画好刀版线再做其他东西的。在做包装盒的时候我们需要做的就是要理解包装的折法和范围，做出刀版图，用单色的线勾画出来，在成品外加出血后勾画。刀版一般是由版房的人制作的，也有的直接出激光版。个别的版除了必须要多出一套刀版的片外，比如要磨切椭圆或者形状特别的东西的时候，为精确就多出一套刀版线。

本书介绍了多种纸盒包装的立体图和刀版设计，具有一定的参考价值，希望能给读者带来方便。

图例

一个特殊的形式。由简单的三角片与长方体组成，其特殊性在于顶部是三角形，有轻微的倾向，使人更易阅读顶部的广告。这种设计同时也增加盒子自身的重量与体积，使其具有更高的稳定性。

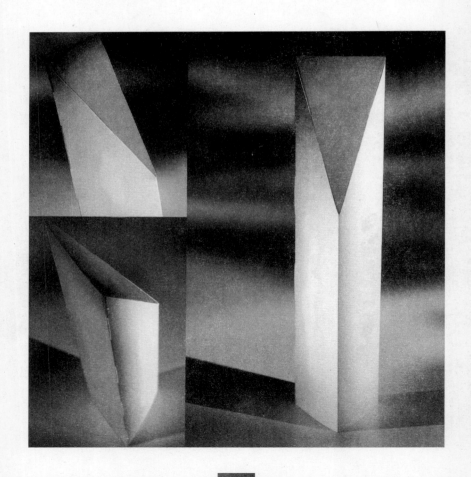

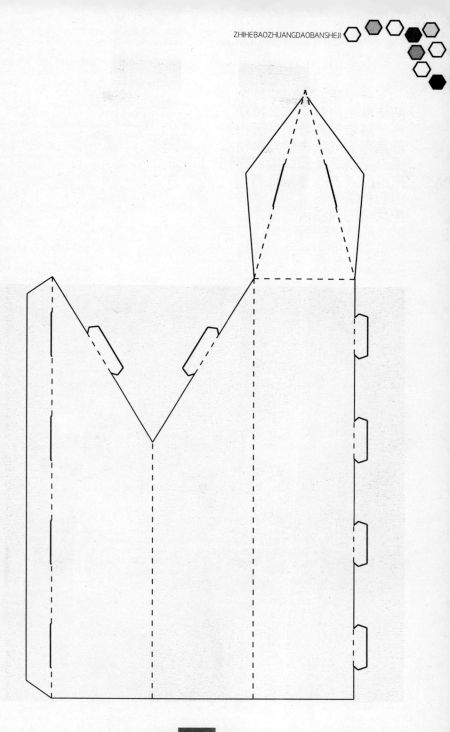

　　完全可以用一块简单的灰纸板折叠出来。设计一个简单的刀版。纸板折叠后会缩进去一块，这使得产品会更直接地展示出来。缩进去的面积不能太小，必须确保1/3的瓶子在盒子的内部，防止其坠落。瓶子上的装配条也是必不可少的，它会起到固定产品的作用。

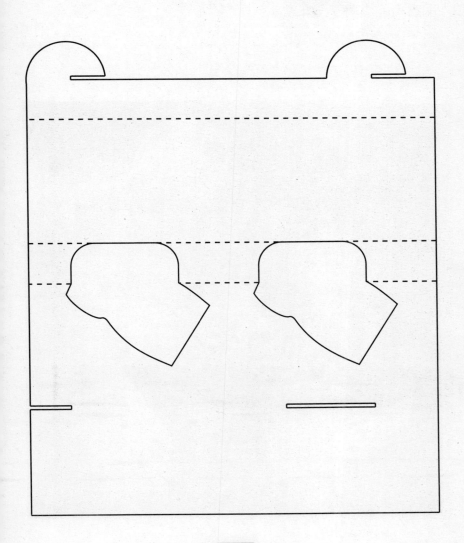

这款盒子的设计起到了双重展示的目的。合上盖子，产品的形状就会显示出来，盒子也作为一个放置产品的容器，还有一个凹槽，可以放置有关产品宣传的小册子，非常实用。

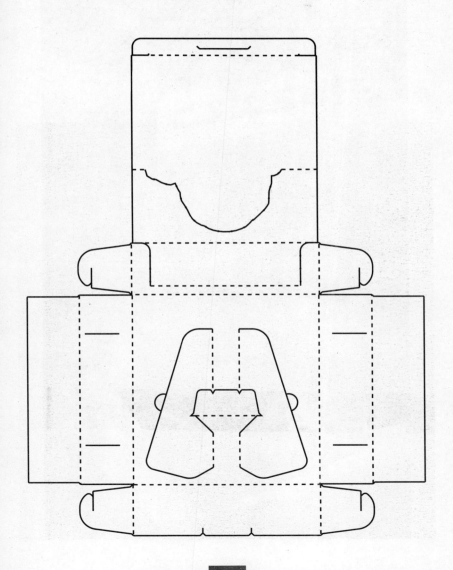

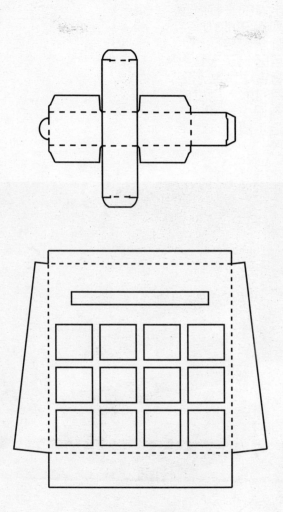

　　这是专门为产品宣传册而量身定做的一款展示包装，不规则梯形的底座，显示了一种活力与动感，上面的展示区分了三块，这就意味着它可以展示三组内容，同时嵌入到底座部分的内容很少，所以方便顾客取走小册子。简单实用。

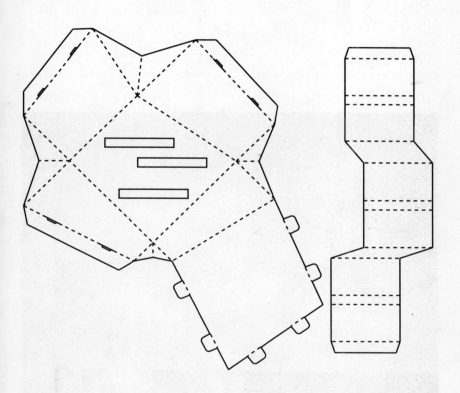

这是专门为笔设计并制作的一款包装盒，向上楼梯一样的梯形展示方法使顾客可以一眼就看全整个产品，更加人性化。

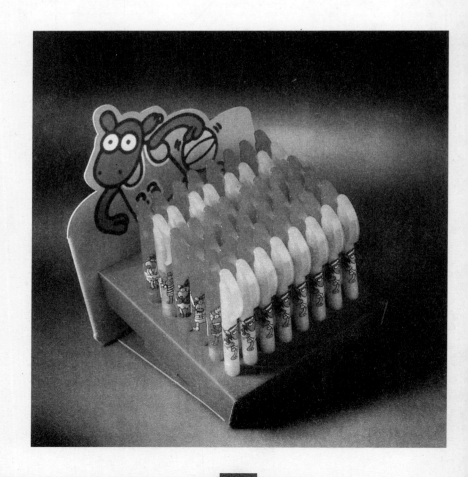

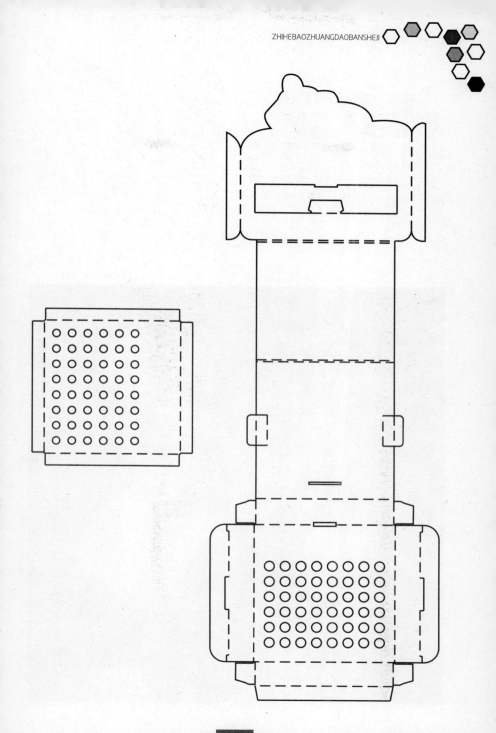

体现了醒目的展示和简单材料与刀版设计的结合。底座的纸板内部加固，并有一个可以放入产品圈，上面是一个带有不同大小开口，插入底座的"S"形设计。给人非常原始的感觉，同时提高了其稳定性。

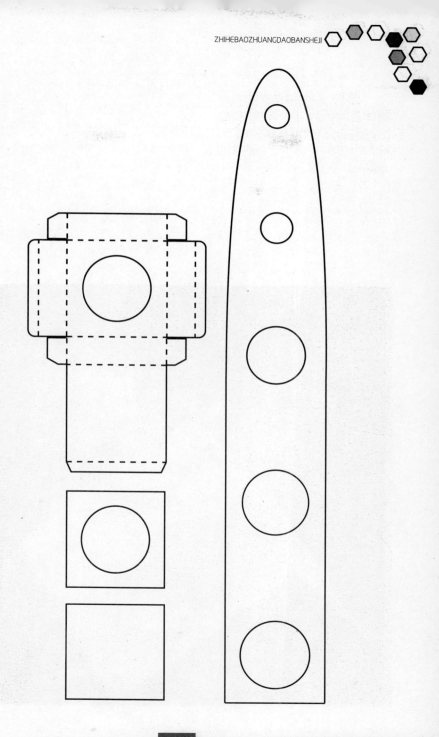

给人一种很简洁的感觉。它是由一个简单的立方体刀版制作而成的，吸引人们的注意力。用来放置小册子。

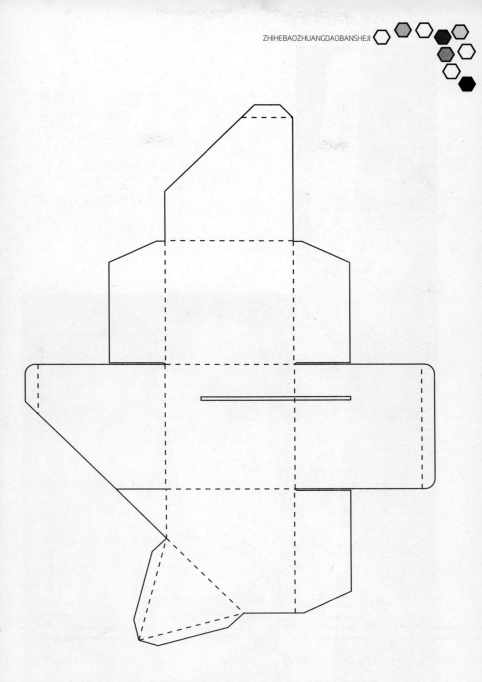

这款包装设计有着双重目的：包装和产品盛放器。在一个独立的立方体下方设计出一个可以扇形打开和关闭的槽，用于放置散装产品。顶部有开口，可以很容易地从上面填充产品。

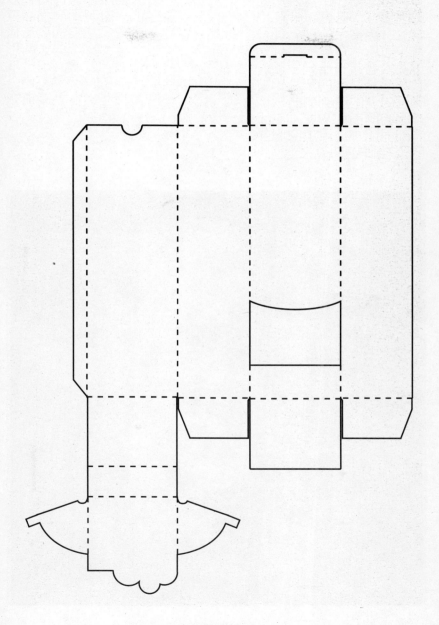

它是为了玩具展示而做的设计，这款设计在用料上一点多余的部分都没有，而且，紧凑的排列分布使人看起来十分舒服，这个包装外面的不透明材质与内部的透明材质形成鲜明的反差和对比，由于内部面积小，更加突出显示了内部的产品。

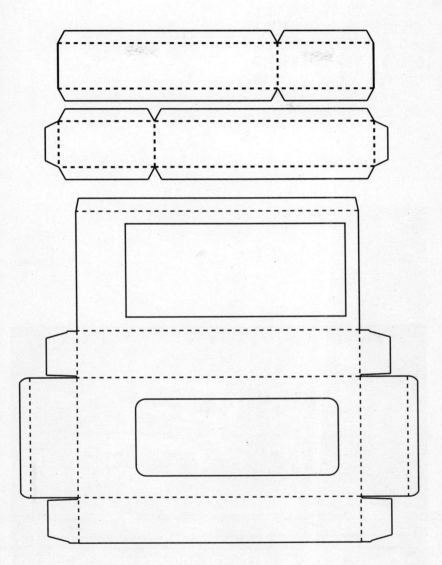

　　这个包装设计是可以自行组装的。制作简单。一个底板有三个不同高度的板子。有卡槽从侧槽伸出。在这个例子中，卡槽是一个圆形，使得整体美观。可以展示多种宣传册。

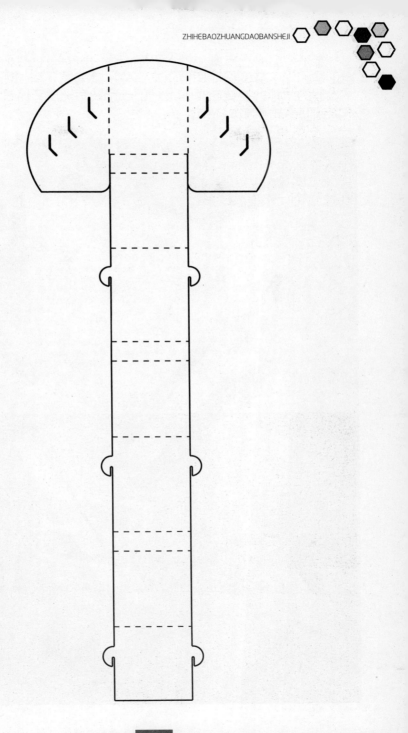

　　本来完整的立方体，插入了两瓶酒，虽然些许破坏了整体性，但正是因为这样的设计使得原本有些呆板的盒子有了活力，吸引了人们的眼球。但要注意的是开口一定要有深度，以确保瓶子放入里面后不会摔落。

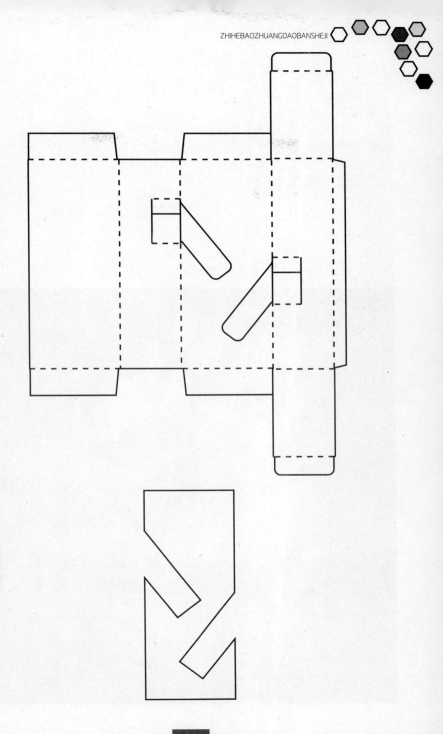

双层的展示设计节约了空间，同时也使得产品更能充分地得到展示，在制作和材质方面也十分简单，降低了成本。绝对是物超所值的展示包装盒。

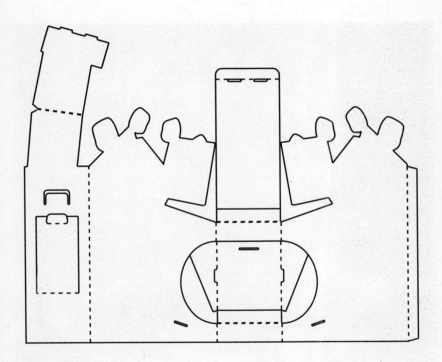

　　这个包装盒的最大特点就是它的稳定性和完整的 360°可视性。中央一块矩形柱子可以展示四张广告，同时下面四个方向还可以用来展示产品。既简单又实用。

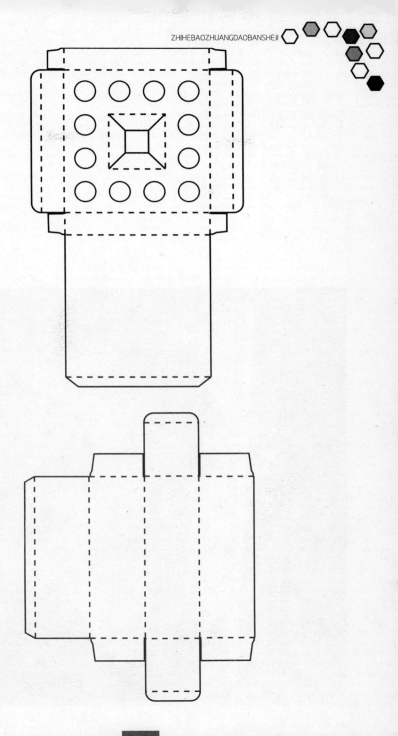

　　其特点就是优化空间，超低成本和折叠简单。包装盒可以同时展示两包产品。从美学的角度来看，包装盒凹槽处要有斜度，但因此要考虑产品的重量分配，确保稳定性。

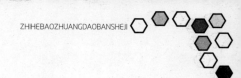

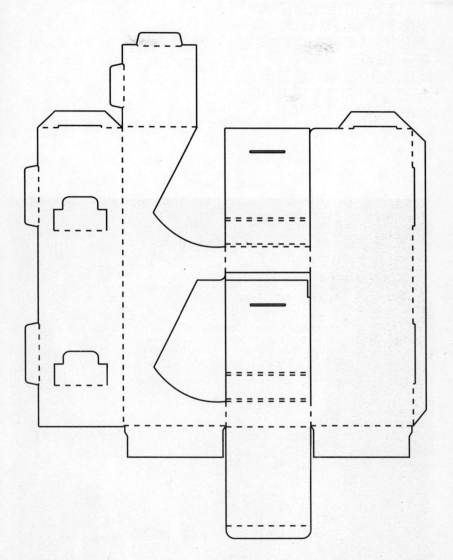

这是一个宣传册的展架盒。宣传册架与产品展示用一个∟形透明塑料盘黏合在一起，侧面有开口，能使小册子很容易地取出来。此设计本身就提供了一定的重量，使它更稳定。

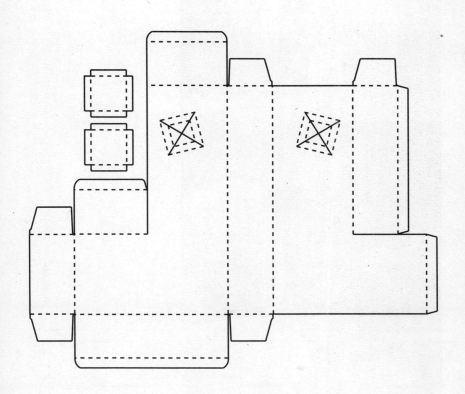

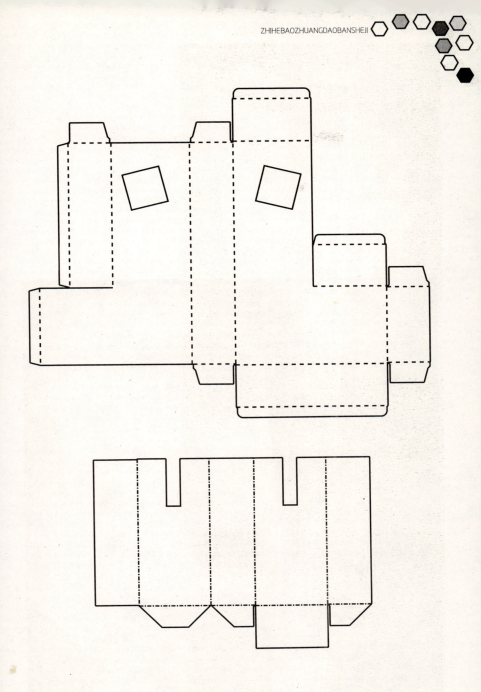

完美的稳定性和足够的空间应用，形成了两个连接起来的三角棱镜形状，使它们有所发挥。可以放在销售点的开放或关闭的位置，使产品能从不同侧面展示出来。

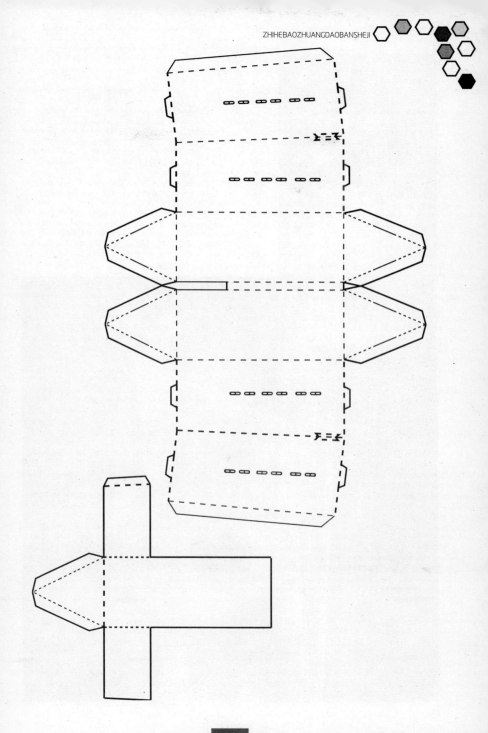

　　这是为笔量身定做的包装盒，如果不加上产品的话，这就是很普通的长方形盒子，正是因为有了插入圆圈中的产品，使得它富有了活力。同时在细节上也加以考虑，设计时就已经留出了放置宣传小册子的地方，可以说在功能上这个盒子是应有尽有。

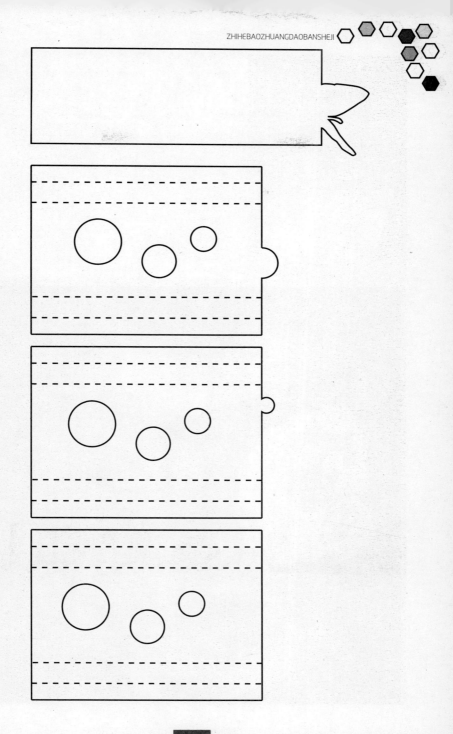

为儿童产品设计的盒子，充分考虑了消费人群的喜好，包装盒的中间使用了透明材料，这样就可以看见包装盒里的产品，吸引儿童的注意。

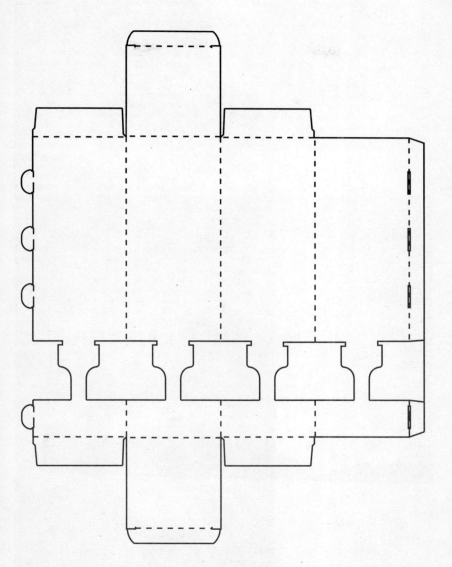

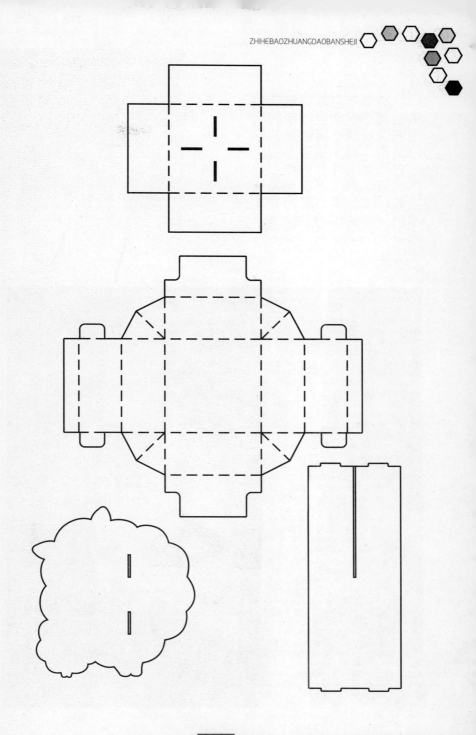

简单的立方体与多变的位置。仅使用简单的材质就可以创造出基础的梯形框架，确保稳定。四个正立方体是独立镶嵌到梯形框架中的，正立方体的位置可以互换，这为展览提供了多种组合，使展示富有变化和层次。

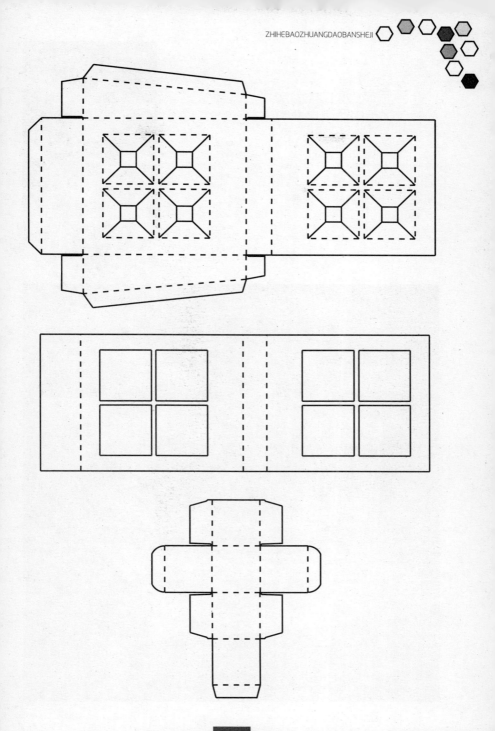

简单大胆的设计，虽然将产品全部展示在外面，但在排列上井然有序，在展示商品的同时也更注重美学的应用。值得注意的是，开口的厚度必须能够满足夹住商品，以免商品掉落。

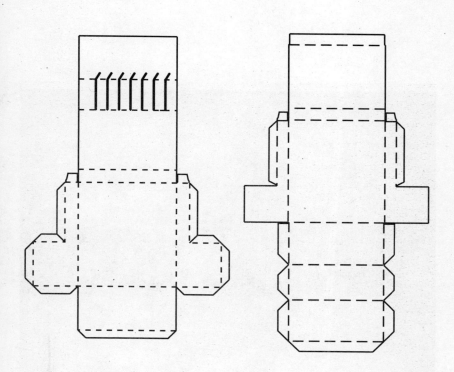

形式多样的设计，放笔孔与底座成 90°角。设计独特新颖，结果稳定，图例中圆盘可以根据不同需要自行设计、更换，增加了其变化性与层次性。

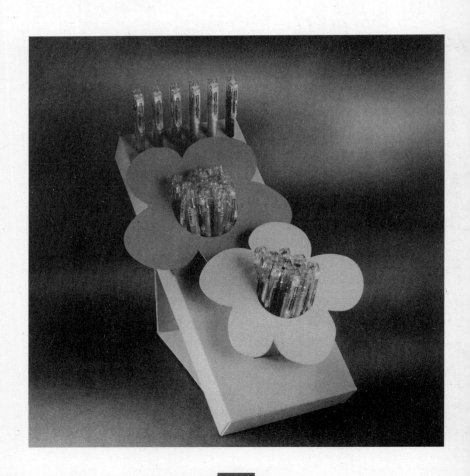

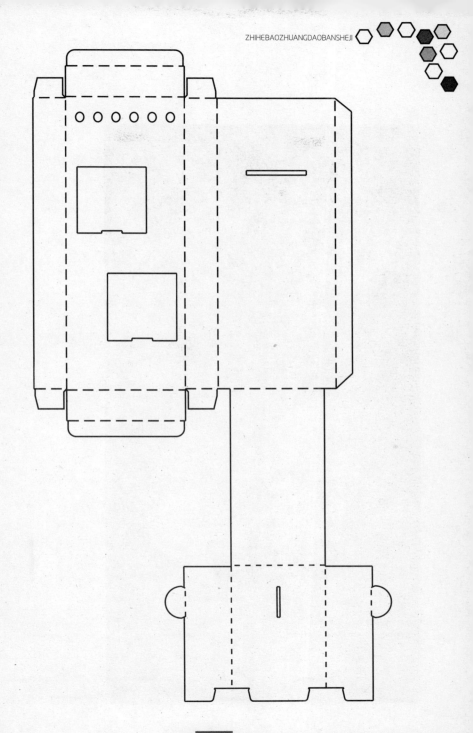

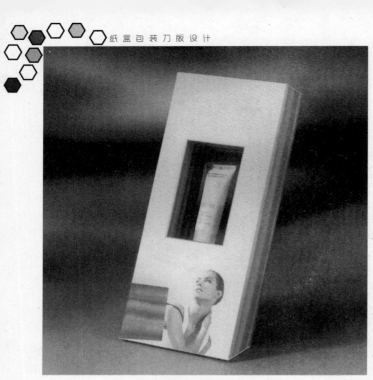

简单的立方体经过倾斜角度的变化，使得这款包装盒变得有新意，中间镂空的设计是它的亮点。中间可以展示产品，夺人眼目。应该注意在包装盒的底部要加一块厚纸板作为配重，让它更稳定。

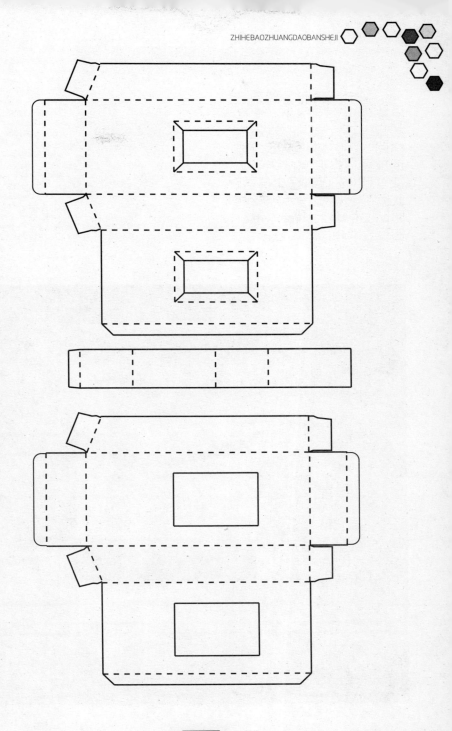

这个包装盒虽然给产品的展示空间很小，但是却留出了大量的广告宣传空间，同时将商品尽可能地放置在包装盒的内部，使其难以在运输途中掉落，此款包装盒适合于需要两层以上包装且需要大量广告宣传的商品。

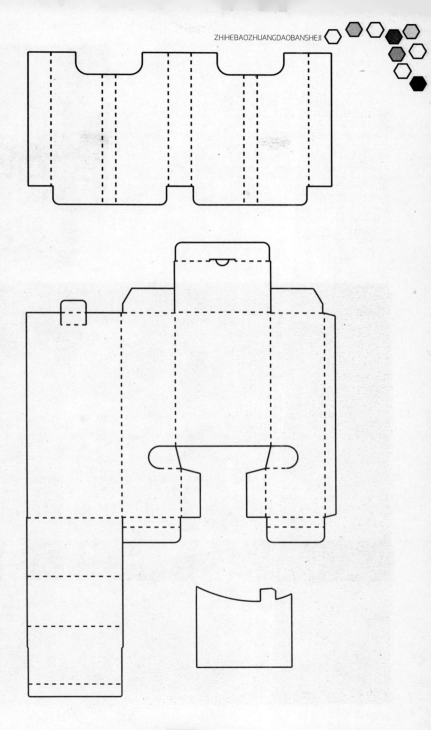

　　巧妙地利用曲线来模拟某种产品的外形特点。包装盒正面是弧形的，背面是直的，这种设计既突出了对比，同时，在实际应用中更稳定。

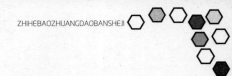

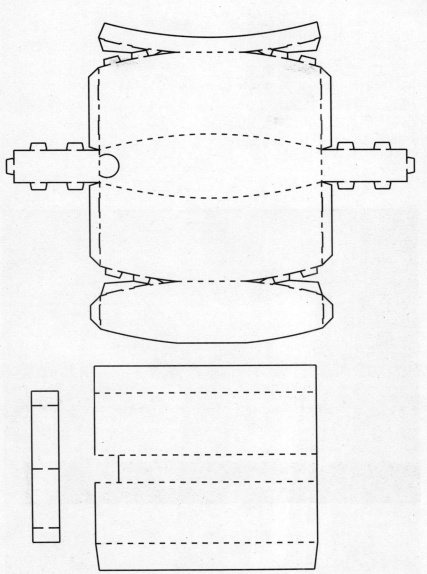

旋转式的展示架，能多层次地展示产品，包装盒由两部分组成：U形架、矩形柱，中间由塑料棒连接，使中心展示矩形柱能旋转。需要注意的是：U形架和矩形柱之间要留出足够的空间，使中间的矩形柱能够顺利地旋转。

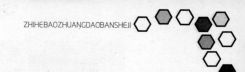

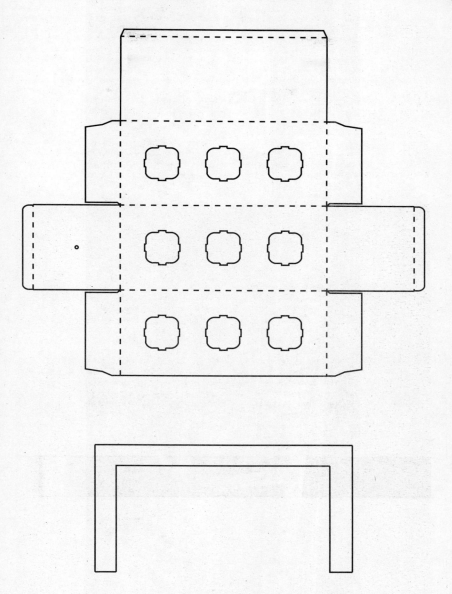

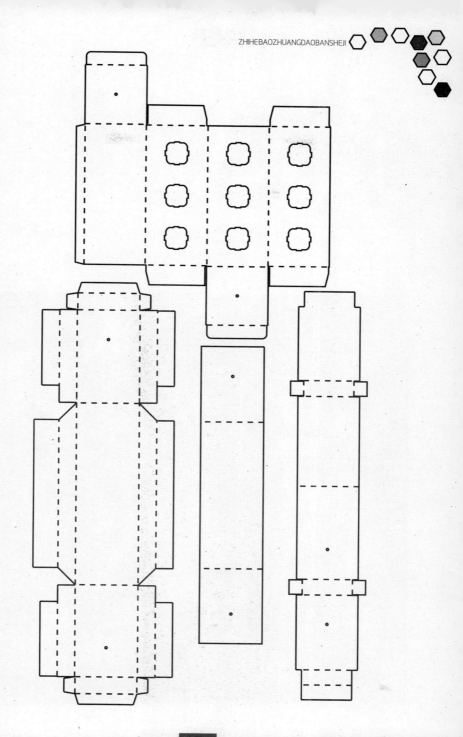

包装盒外形优雅，能够显示较多产品信息。包装盒一共分三个部分，它们像手风琴一样连在一起，中间为产品展示部分。需要注意的是：中间部分必须要有一定的厚度，以防止将产品放进之后掉落。

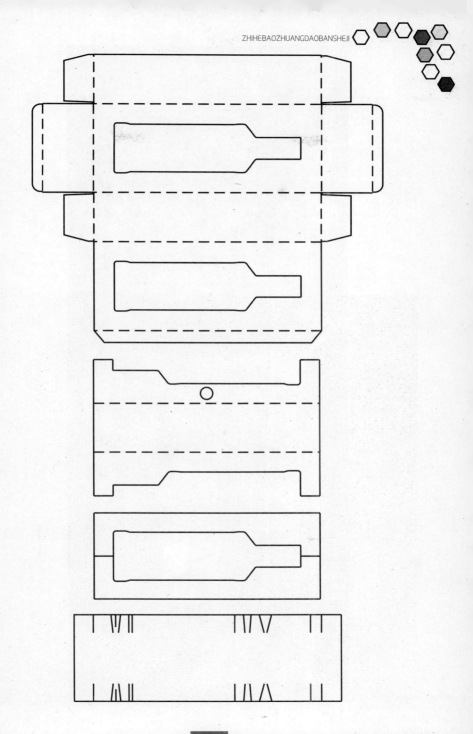

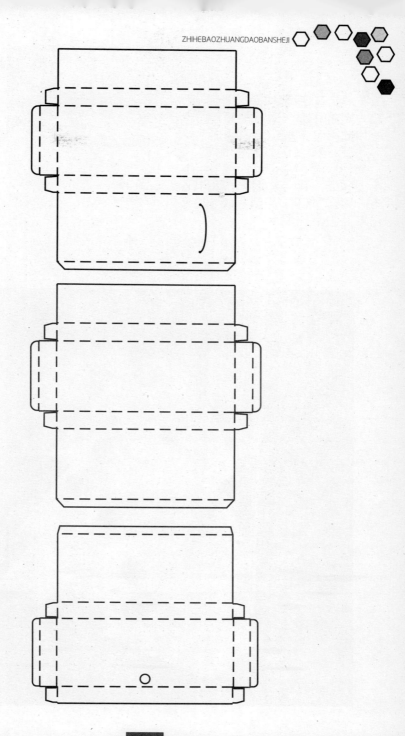

包装整体呈现出圣诞树的形状，里面的商品虽显凌乱，但却有序地排列，有一种快乐祥和的感觉。特别适合圣诞节促销用，届时，定会达到理想的效果。同时，这样的外形设计也更加稳定。

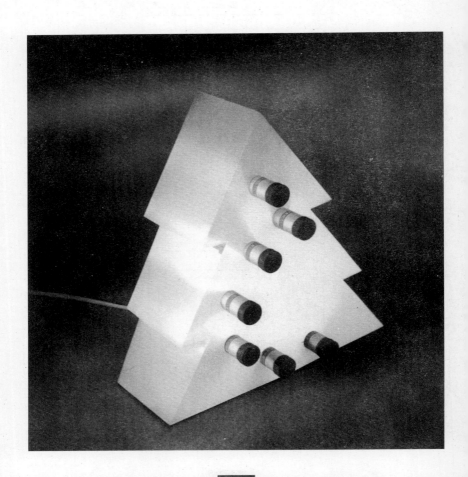

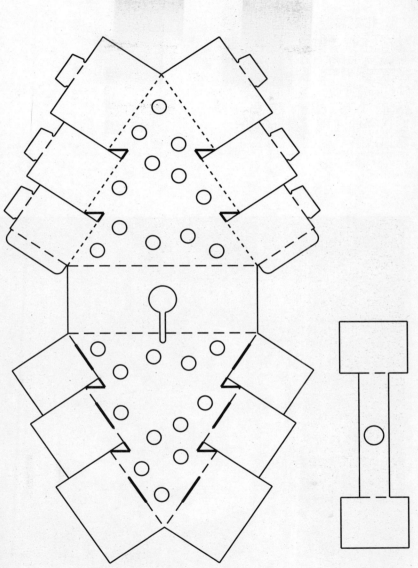

　　非常独特、醒目的设计，产品位于纸箱的侧面，通过灯光使产品发光，产品放在照明的 "L" 形长方体和一个立面，仅此而已，简单、大方、醒目、独特。但是需要注意：发光的立方体挨着产品的一面必须是透明的材质。

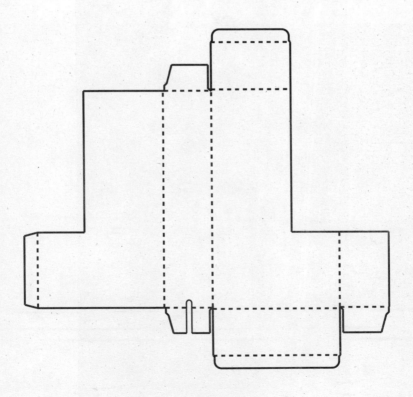

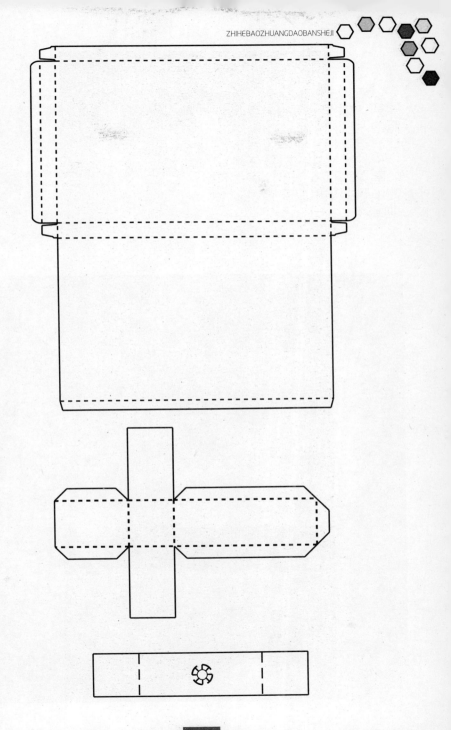

旋转式的展示架，能多层次地展示产品，包装盒由两部分组成。中间由塑料棒连接，使中心展示矩形柱能旋转。需要注意的是，要留下足够的空间，使中间的矩形柱能够顺利地旋转。

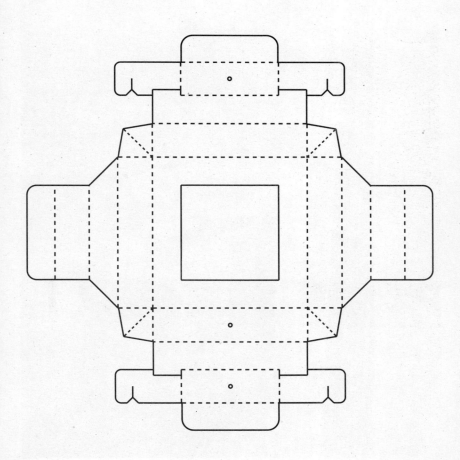

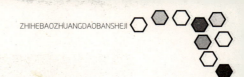

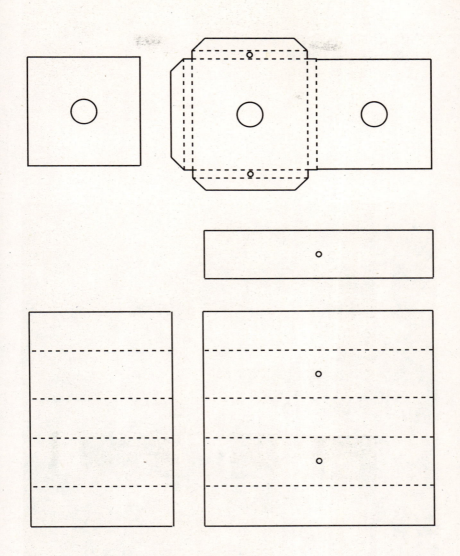

　　上下三层的包装盒可
以容纳大量的产品。整个
展览所用的材质简单，成
本低廉，三层不同高度的
展板也使其富有一定的层
次感。

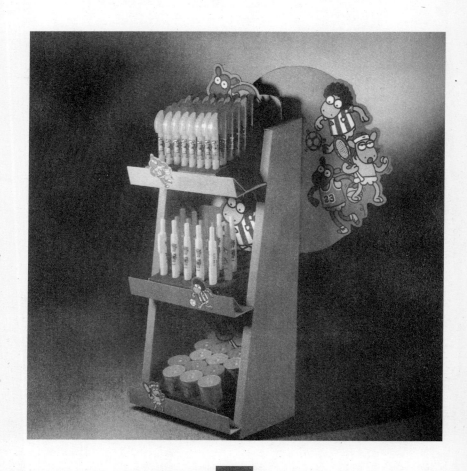

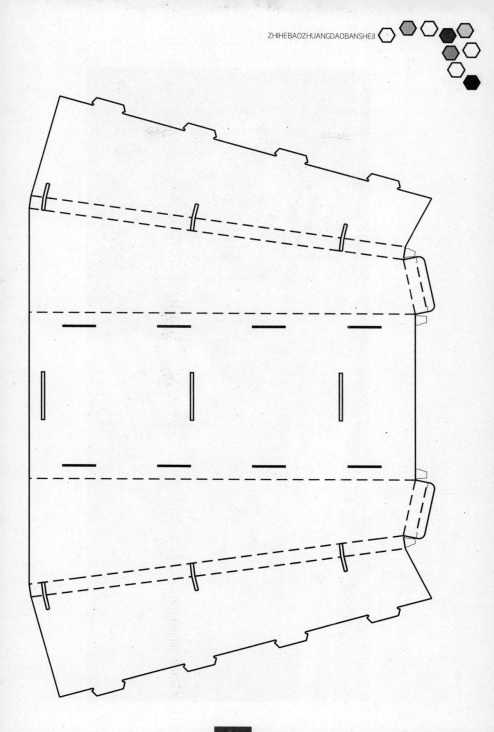

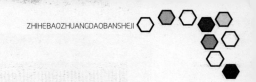

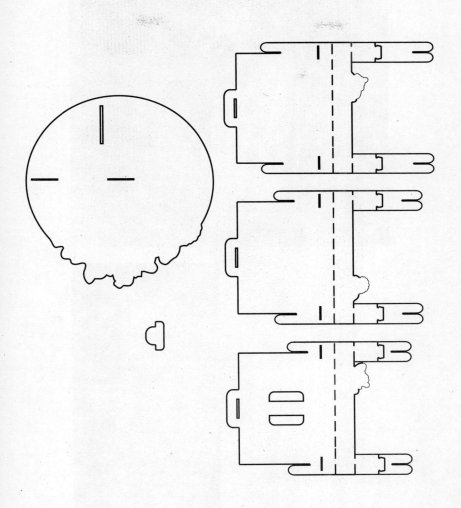

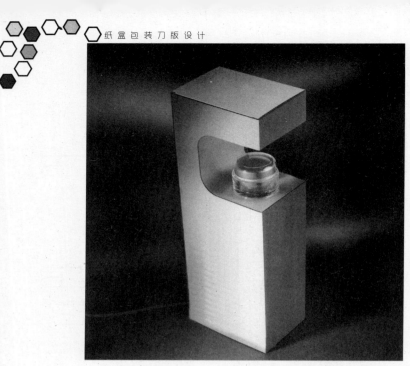

这是为化妆品设计的包装，细高的长方体，顶部的产品展示，立体的"C"形商品展示区等，都体现出了女性的个性和美丽，单凭包装就会吸引很多女性消费者来关注商品。

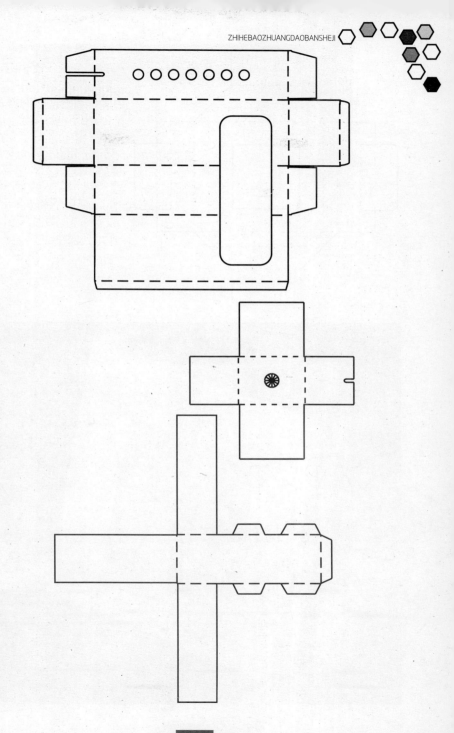

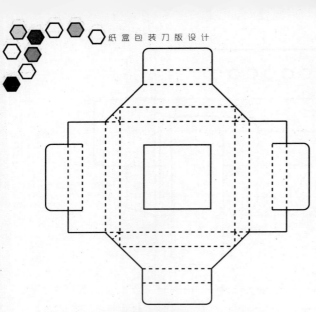

这是一个大胆的尝试，一个中间带有正方形镂空的正立方体；用透明材质做出一个能正好镶嵌到正方形里的盒子，将它装满产品后插入到正方体中。这个包装最好是为类似糖果这样的小的产品做展示，使产品的凌乱与外框的正规相对比。

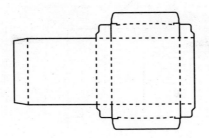

这是一个光盘袋，看上去十分复杂，其实不然，只要按照一定顺序折好就行了，无需任何黏合剂。简单的工艺和材料换来的是形象、档次的提升，真是物超所值的选择。

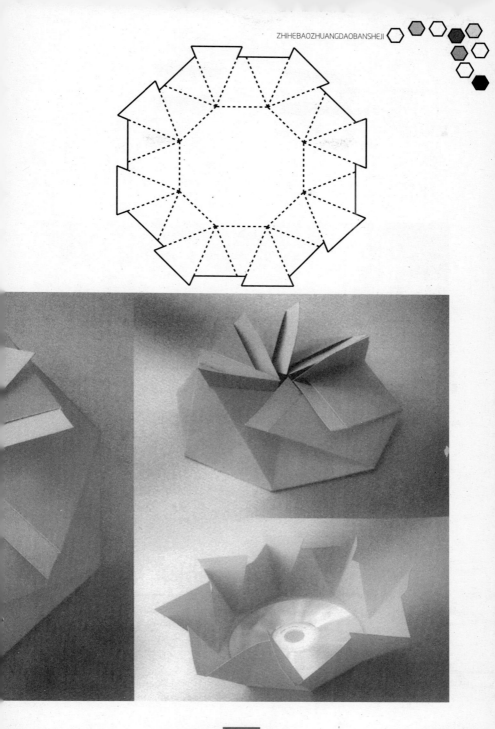

这是一个普普通通的、可以放置任何产品的、非常简单的、没有顶盖的盒子。

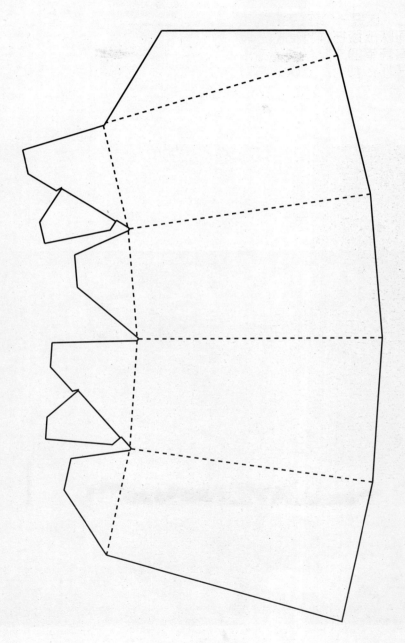

这是一个房子形的小盒子，没有任何局限，没有任何要求，只要你想，放什么都行，外表非常好玩。

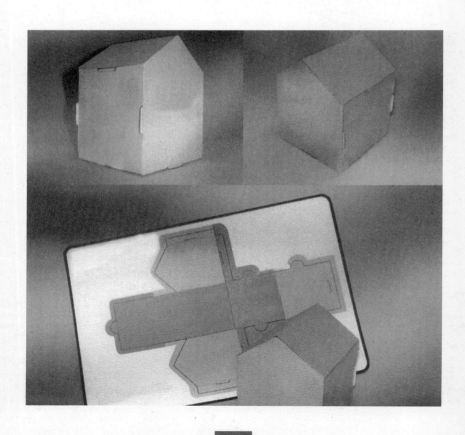

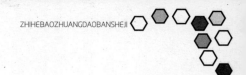

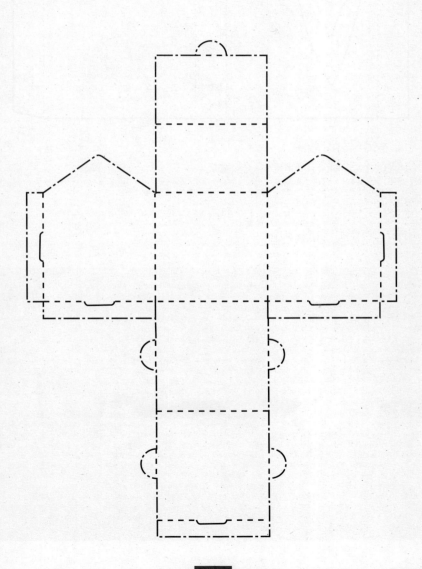

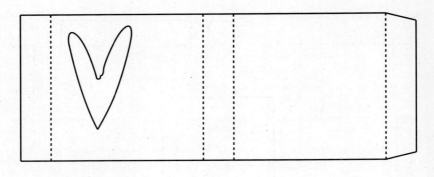

　　两个矩形的圈，一个
有底，一个没有底，两个
全套在一起，就会是一个
精美的光盘盒或者是放小
册子的，它的制作和材料
都十分简单和廉价。

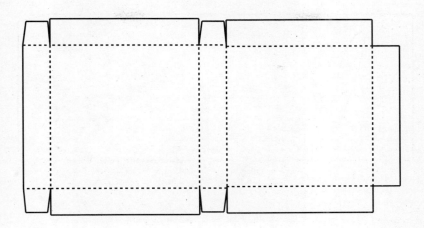

看似复杂的三角形包装盒，其实就是由一块简单的刀版粘贴而成的。工艺也是十分简单，如果你需要一个像金字塔一样三角形的盒子放产品，那就应该马上试试。

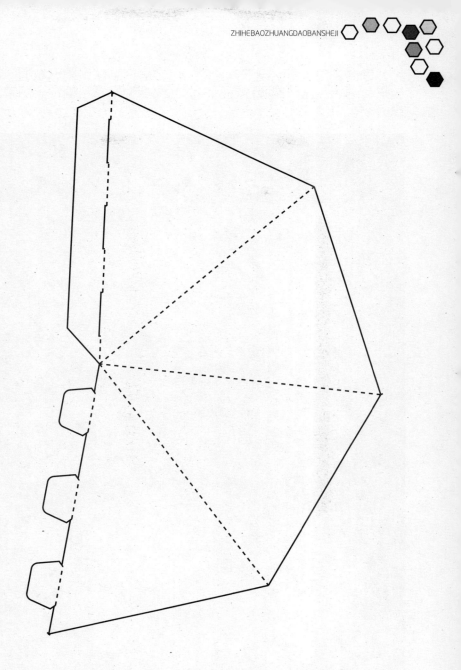

零钱袋也是可以用纸来做的。这个零钱袋就是用纸做的，它一共有两层，盖子是吸铁石的，可以反复使用不会损坏。简单、经济又实用。

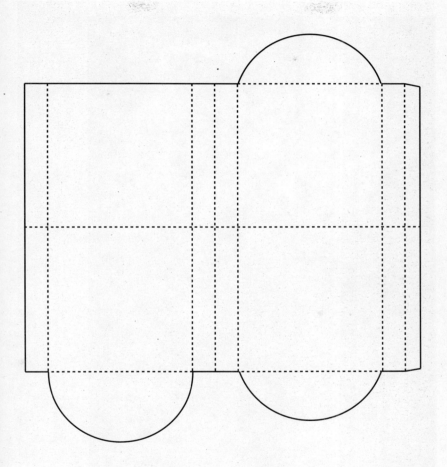

三角形的包装盒，设计上比较有创意，不需要用胶，虽然盖子是用绳子系起来的，比较麻烦，但是最后的效果却是独具匠心的，非常有特点。

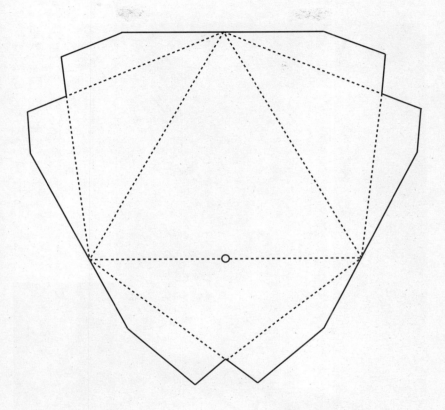

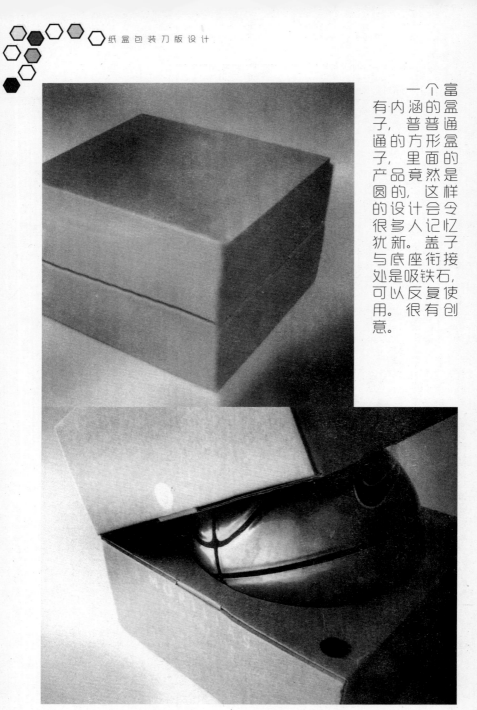

一个富有内涵的盒子，普普通通的方形盒子，里面的产品竟然是圆的，这样的设计会令很多人记忆犹新。盖子与底座衔接处是吸铁石，可以反复使用。很有创意。

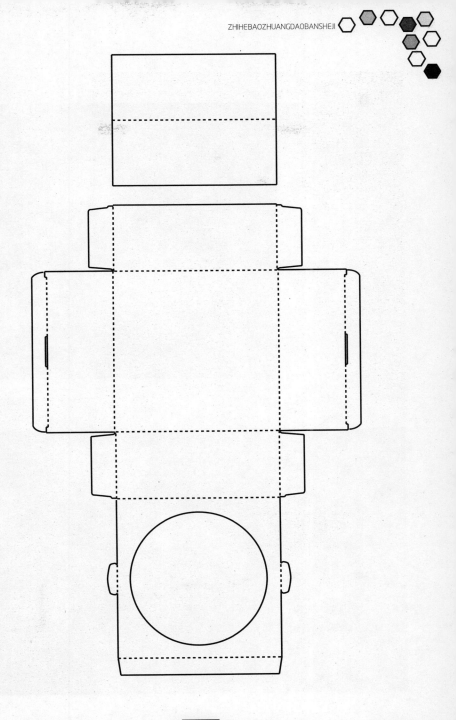

这是一个双层的展示盒，下面的盒子用来展示产品，为了节省空间，盖子上附赠光盘，显得十分现代，将其定义为高档礼盒一点都不为过。

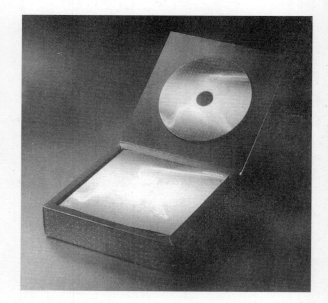

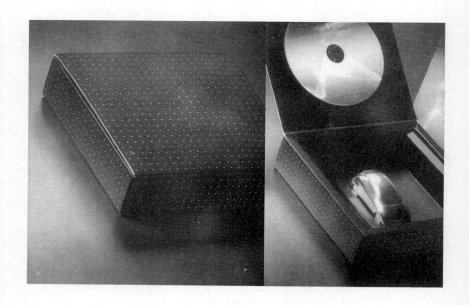

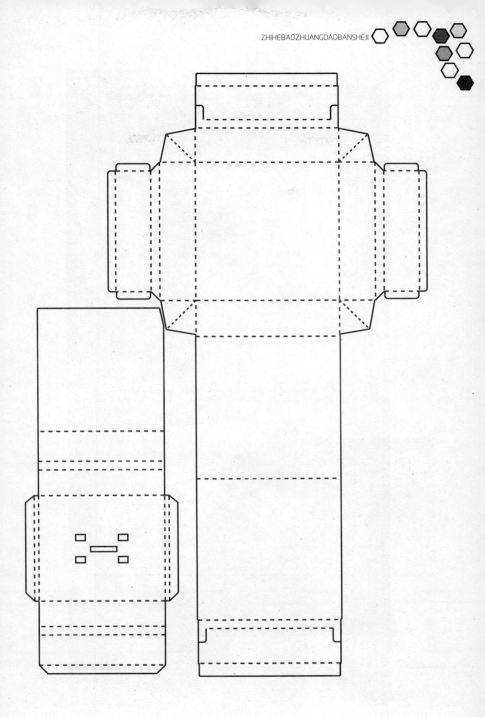

这是为光盘设计的盒
子，外形虽然是方的，但
里面能放得下圆形的光盘。
十分有创意。

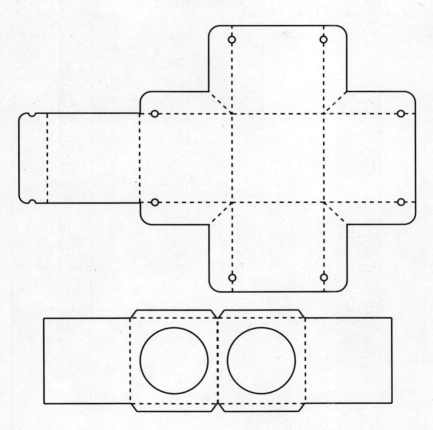

变形的方盒子，三角形产品摆放区，使得这个包装富有变化同时也不失统一。适合为食品做包装盒。

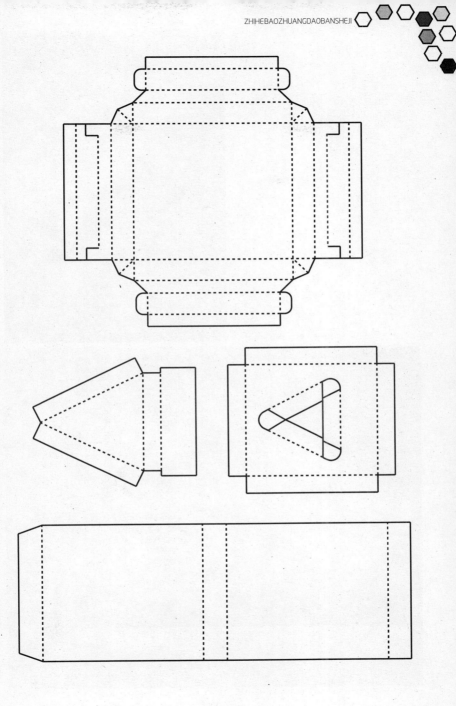

这是为一个漂亮的小装饰瓶量身制作的包装盒，简约的外形设计使产品看上去清秀可爱。值得注意的是，盒子底面没有黏合，扣上盖子后，必须要套进一个装饰条，既美观又起到固定的作用，这一步是必不可少的。

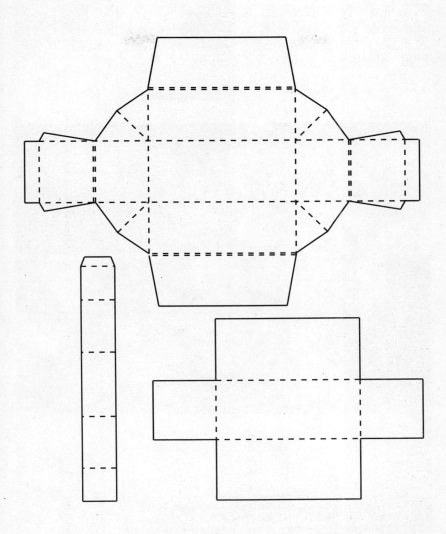

　　高脚杯的包装盒，首先，盒子是长方形的，这样视觉上虽然美观，但是要考虑到杯子在运输途中可能易碎，所以要有一个高度大约是杯口半径大小的长方形中间镂空的保护壳，其次盒子的盖子合上后，为了保证稳定，还要有一个和盒子一样大的长方形纸套，防止盒子在运输过程中误开或损坏。

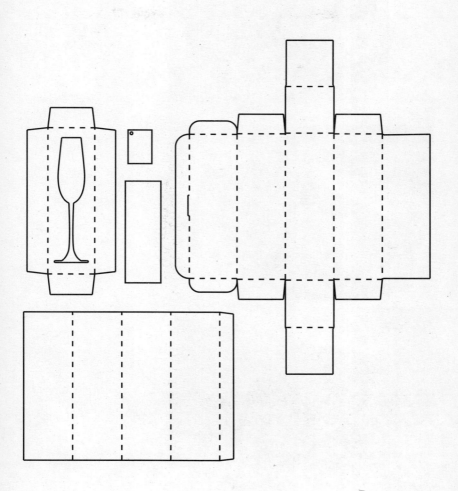

盒子本身很简单，两个盒子，大盒子是镂空的，小盒子可以插入或拔出。但是要注意，里面的小盒子必须是透明的。这样才有变化，其次，小盒的大小与大盒的凹槽必须大小一致。

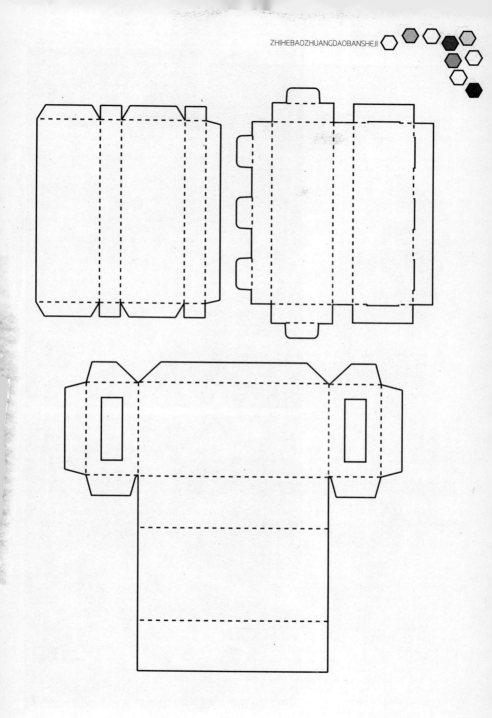

这是为一支笔做的包装盒，虽然看上去有点大材小用的意思，其实不然，大于产品本身的包装也是为产品做宣传用的，增加了广告面积，同时大气的盒子与小巧的笔形成反差对比，体现了产品的高档和奢华。

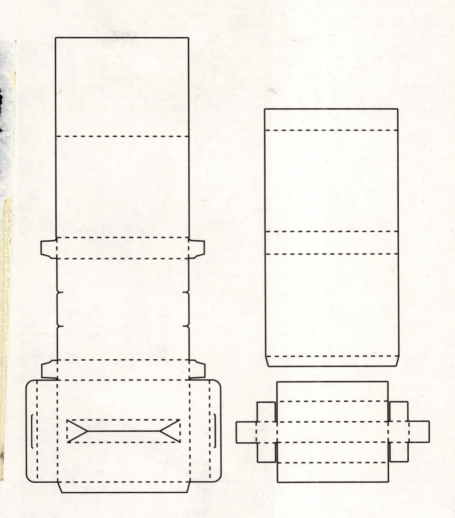

稳重的外表，打开包装盒后，会马上看见透明材质内的产品说明广告或者包装内的产品。可以用它为很多的商品做包装，它都很适合。

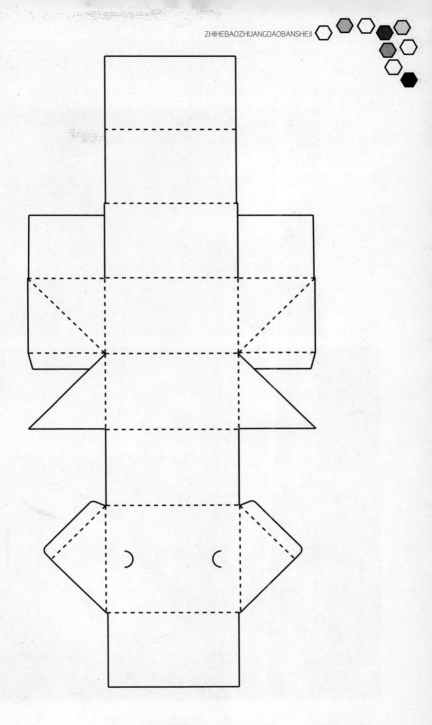

　　简单的产品展示包装，一共就两部分，透明的放置产品的小方形盒，加上略微大一点的黑色的盖子，它既可以当盖子，也可以为产品做展架，起到了极强的对比作用。

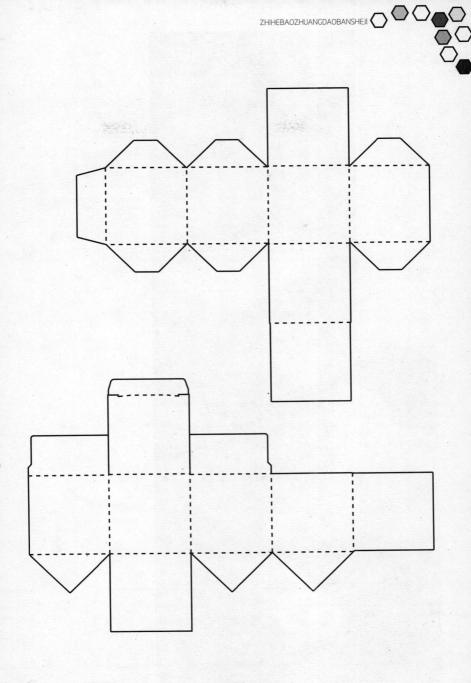

无论这是为什么产品做的设计，它都符合要求，只因它的设计虽然奇特但是非常实用。外面的包装像一个夹子，夹住里面用透明材质制成的放置产品的盒子，很现代，很有特点，当合上盖子时却又很整体。

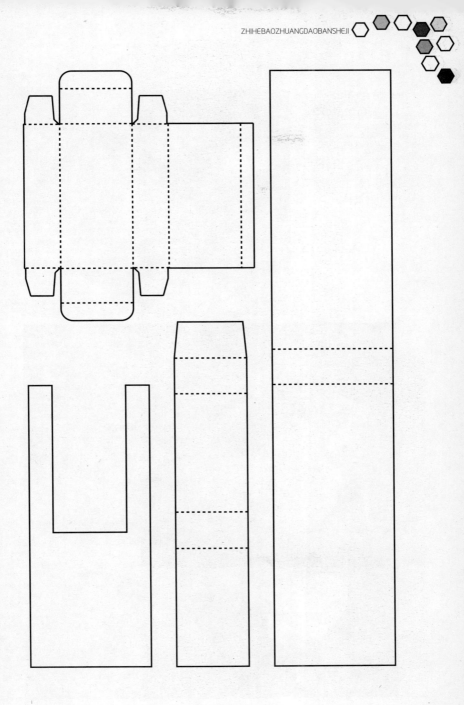

精美的包装盒，三面的镂空圆形能使顾客清楚地看到商品，增加了人们的购买欲。盒子的制作也很简单。

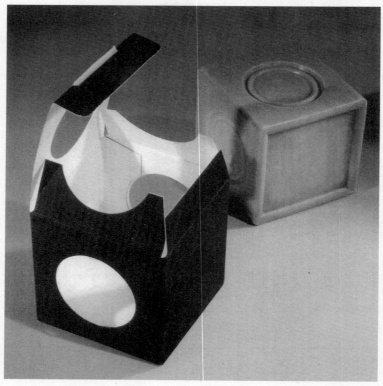

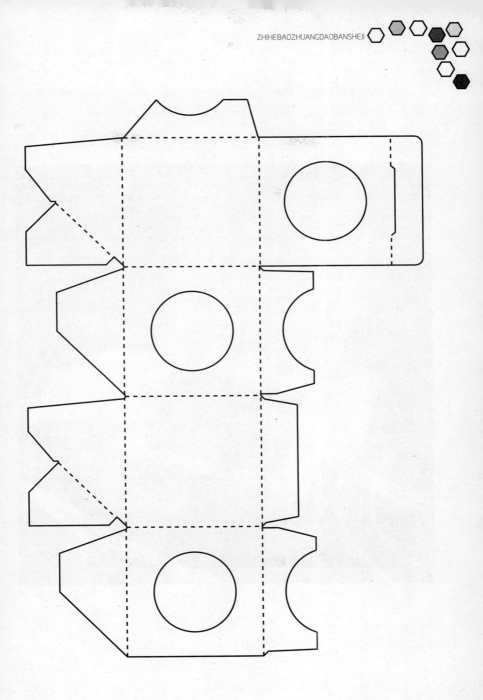

　　这个礼盒原理十分简单，展示的商品也很少，但是做工却十分精致。是高档商品的很好选择，为提升产品形象提供了帮助。

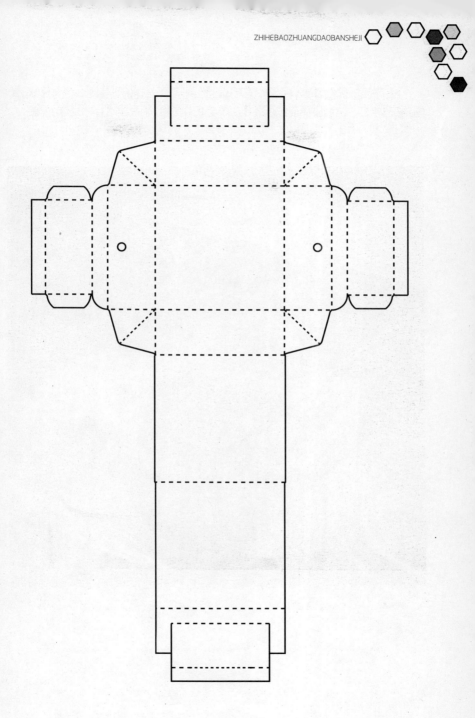

一眼就能看出这是高尔夫球盒，三个一组的设计，经济又富有美感。显露出的高尔夫球让人一眼就能认得出来。但是，盒子的高度必须略大于高尔夫球的半径，不然球会掉落下来。

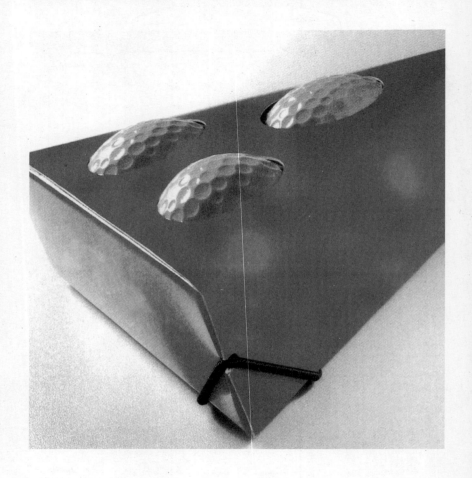

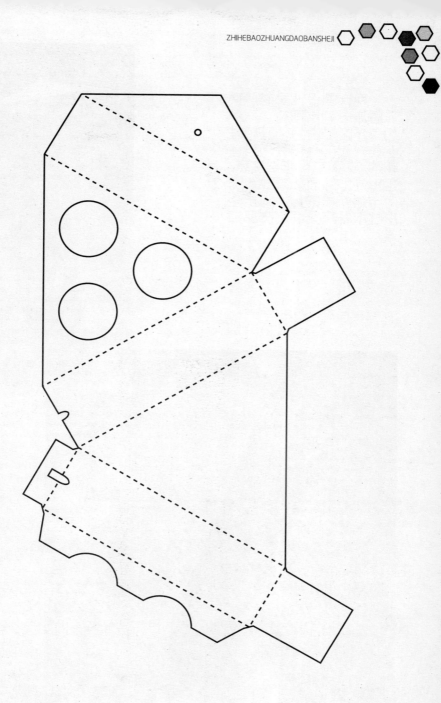

现代的设计灵感，使你想怎么利用都行，不受约束。这是由两个三棱柱连在一起的矩形柱，设计新颖，简单实用。但要注意，矩形柱的外面必须要有一个塑料材质的套，防止矩形柱散开及里面的产品掉落。

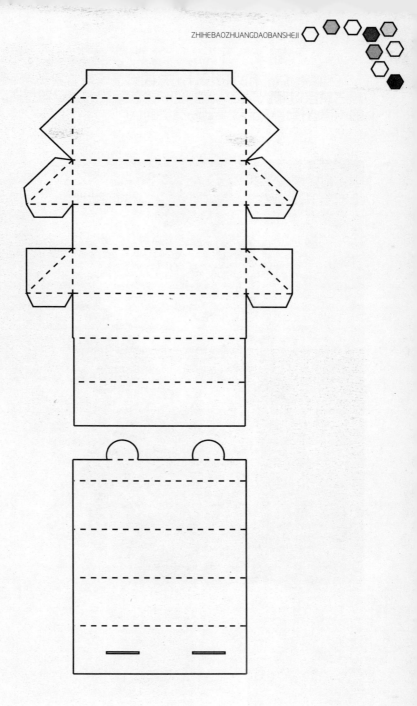

　　独特的想法和外形设计出来的竟是巧克力盒子，不过大胆的想法总会得到认可的，这种细长形的巧克力盒绝对是送人或自用的不错选择，一定会得到消费者的认可。

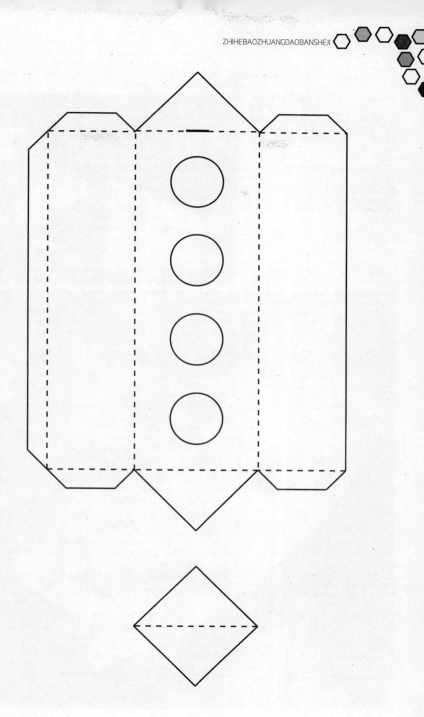

有一个蝴蝶结系着的是一个小长盒，盒盖是从中间向两侧开的，这样盒子的空间就会大了，可以放置任何东西。整体的设计简单大方，虽然不够新颖，但这种设计绝不过时。

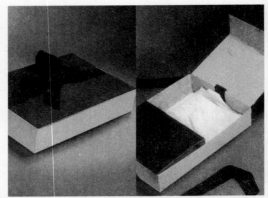

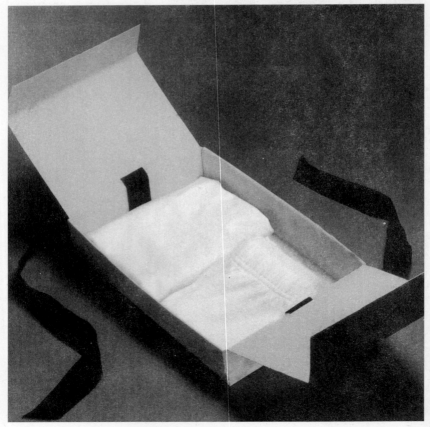

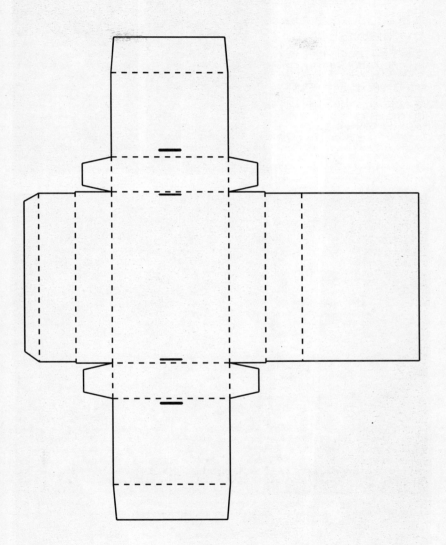

一个奇异形状的包装盒，上顶盖子是一对相互咬合的半圆，使得整个设计不需要使用黏合剂，所以用来展示食品是一点问题没有的，绝对的环保，无危险。

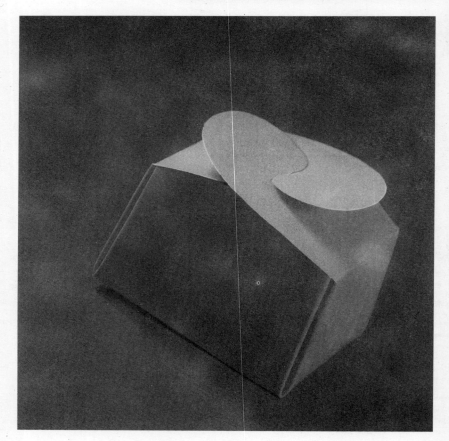

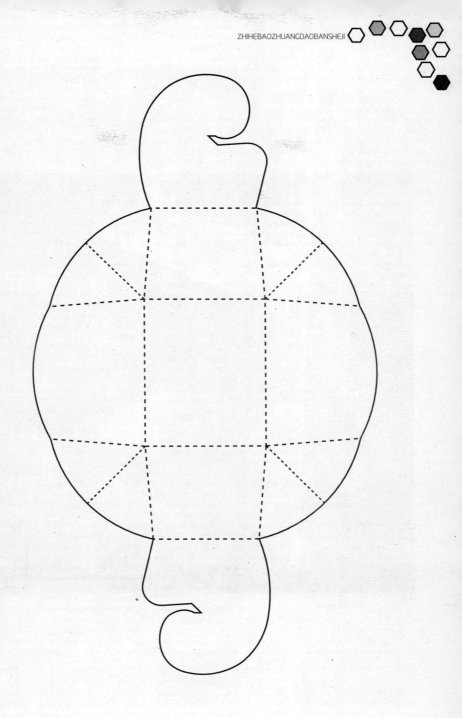

　　一个很简单的盒子。
一块刀版，也就是说，盖
子与盒子是连体的，简单
大方实用。

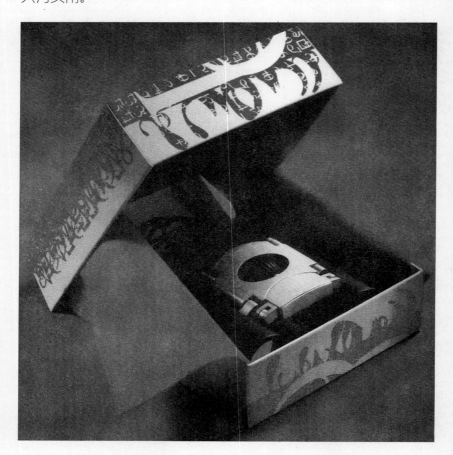

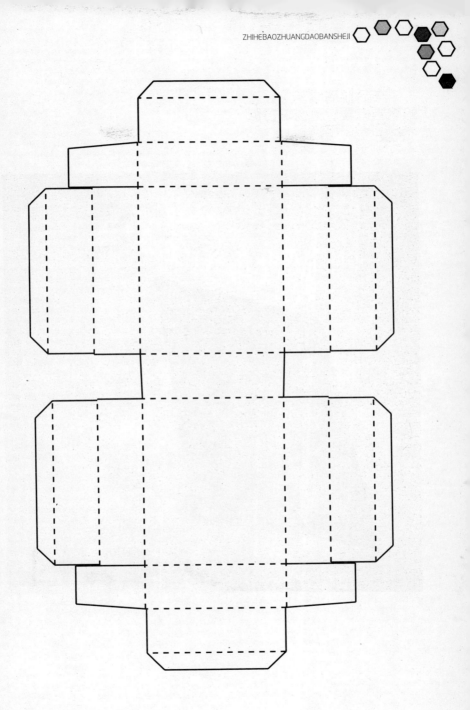

产品促销包装。大面积广告位置，图例中右侧为试用品放置处。

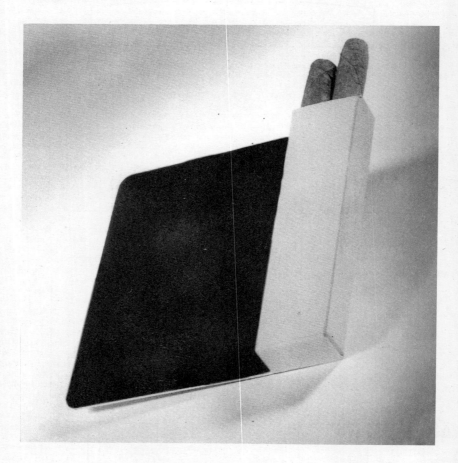

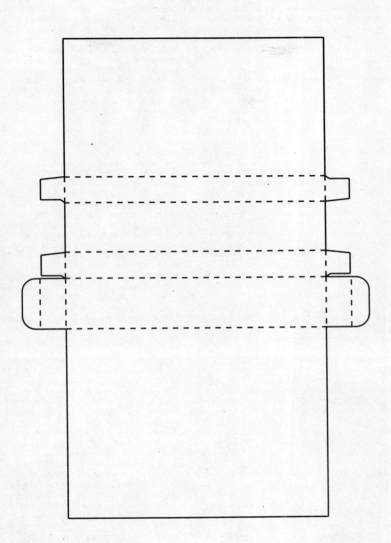

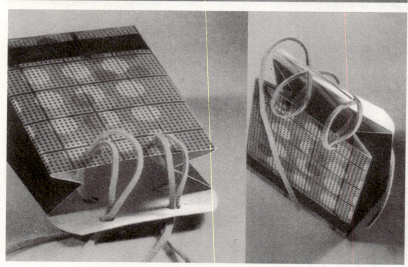

该包装袋制作非常简单，折叠后成为一个封闭的正三角形，然后根据需要，可以用绳子之类的东西锁定盖子。

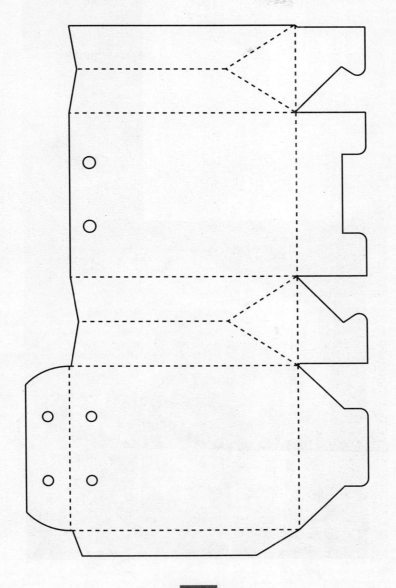

与过去一般的盒子相比，这个盒子是独一无二的，因为盒盖被设计成了一个倾斜的形状。而且容量很大，可以容下较多商品。经济、实用、独特。

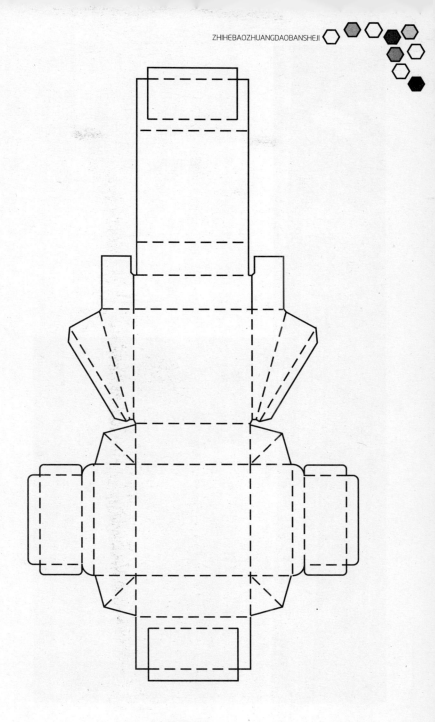

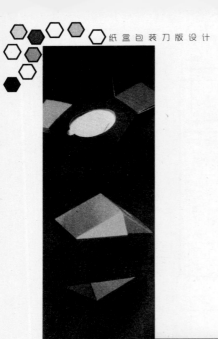

这是一个可折叠的、简易的一次性烟灰缸。它可以解决我们在公共场所没有烟灰缸的问题，简单、易携带。

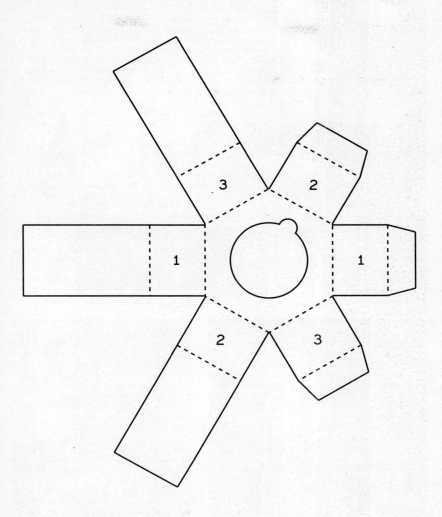

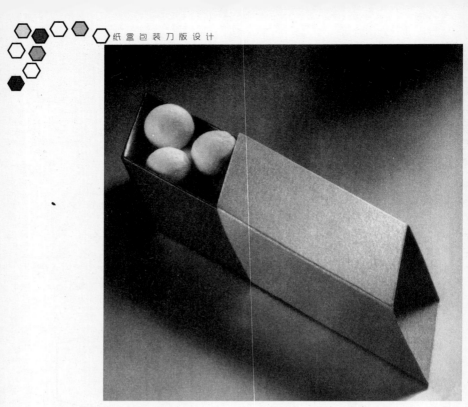

变形传统形状。形状被设计成平行四边形，使其更具现代元素。可左右开启或关闭，灵巧方便。

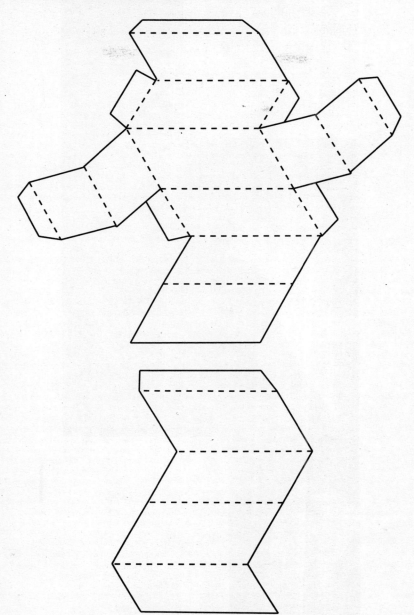

简单的包装与有趣的形状相结合。虽然简单但却有一个三角形外形，像一朵花一样。如果用于食品包装盒（例如粽子）最适合不过了。

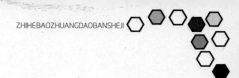

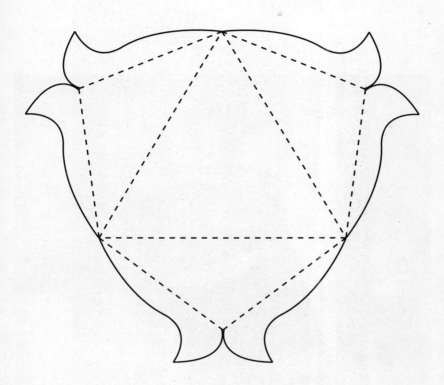

简单的折叠包装盒。这款包装盒的制作方法简单，不需要涂胶，单靠折叠就可以固定，而且折叠简单，十分环保，所以适合作为巧克力之类的食品包装。

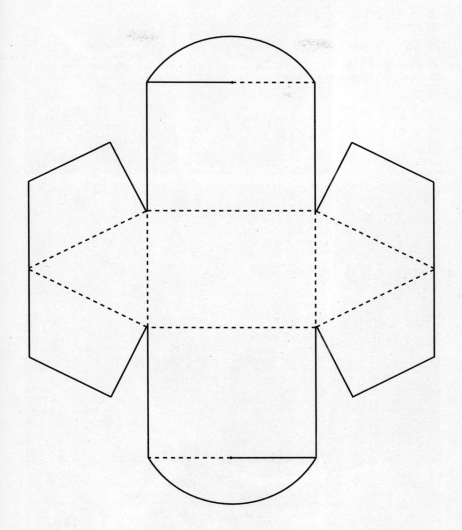

这是一个金字塔形的,不需要任何黏合剂的环保包装盒。包装盒的底部面积大于顶部面积,所以它具有很强的稳定性和厚重感。

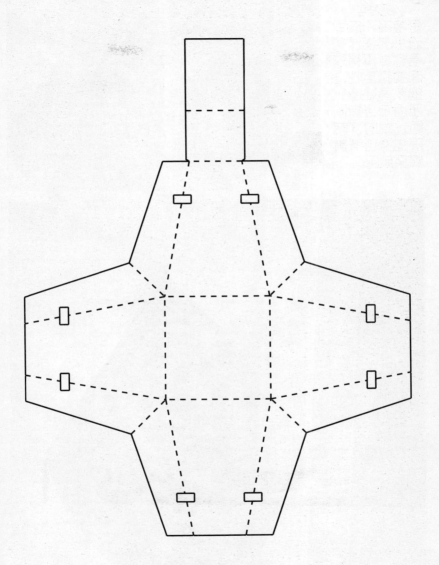

这就是一个笔筒，底大口小的设计使得它更具有较强的稳定性，放入再多的东西也不会有问题。同时，梯形的设计既美观又实用。

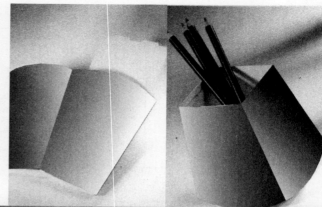

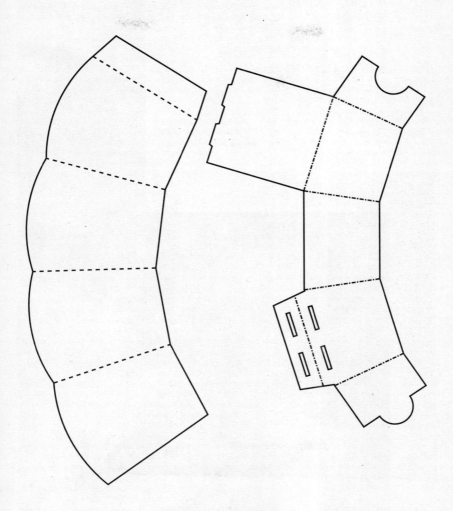

这看上去是一个不需要任何黏合剂的正立方体,但它确实是一个包装盒。盒子可以自行拆装,不需要胶水。它从外面看起来简单、实用、大方。

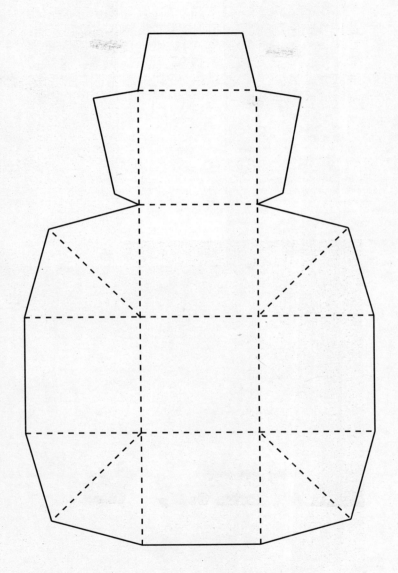

包装盒镶嵌了两个用透明材质制成的小包装盒，这样做会更直接明了地将产品展示给顾客。这种设计同时也增加了广告区域，为更好地宣传打下了基础。

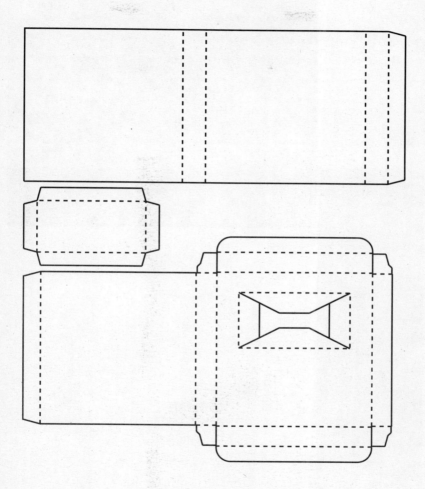

　　这是为光盘或者文件设
计的包装盒，包装盒的设计
多以曲线为主，一是为了美
观，更主要的是考虑到了其
实用性——正面的曲线设计
可以方便地取出光盘或文件，
同时也是为可以放置介绍书
或宣传单。

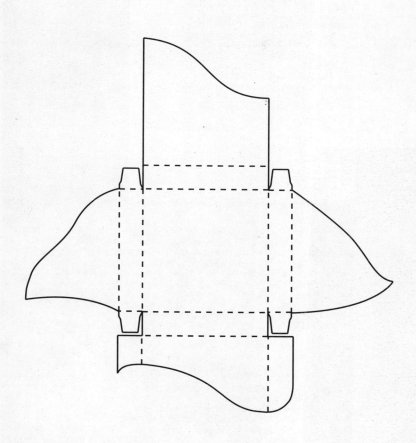

这个包装盒的设计其实十分简单，就是一个长方形立柱，加上上顶和下底。但是上顶和下底的不规则形状却是画龙点睛的，使得原本简单的包装变得生动富有灵气。在实际应用中它更适合为牛奶、儿童饼干做包装，也可以根据产品的需要自行改变上顶和下底的形状。但是值得注意的是，上顶和底座必须是平的，以保证其稳定性。

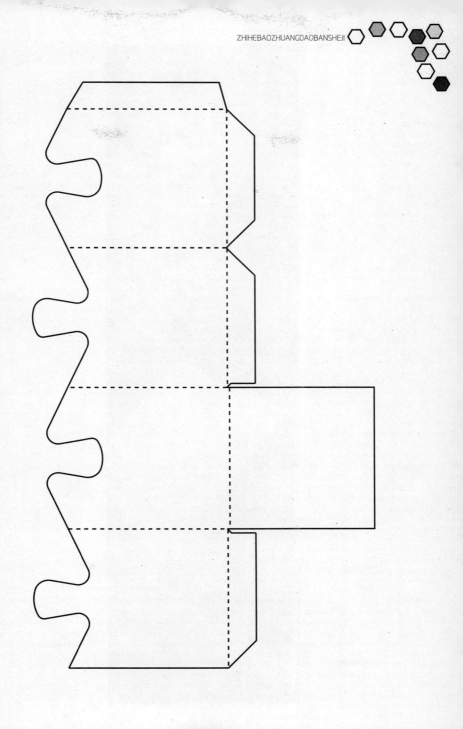

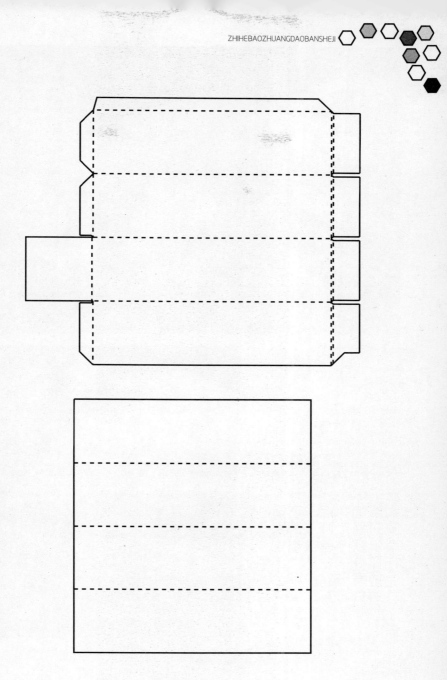

这是高脚杯的包装，梯形的设计和素雅的颜色，体现了高脚杯的特点。它可以同时展示两个杯子，两个杯子是镶嵌在长方体柱子中的，更直白地展示了产品，左右对折打开、关闭盒子的设计显得更现代、奢华。

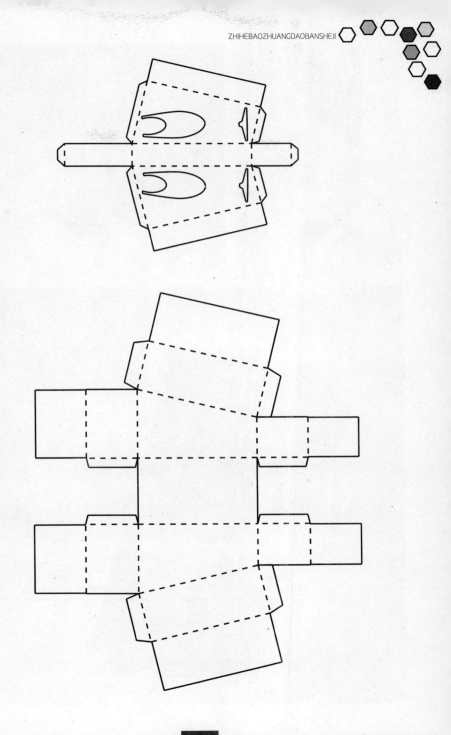

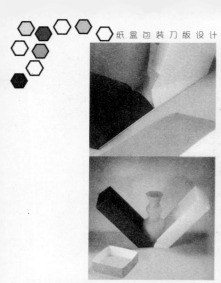

　　这绝对是为高档奢侈品量身定做的包装盒，两边对开的设计，无须再多的装饰，依然是完美的展示。当合上盖子时，为了使它更稳定，中间的装饰条是必不可少的。同时还要注意的是盖子里面凹进去的部分要与产品的大小一致，太小盖子合不上；太大产品会不稳定。

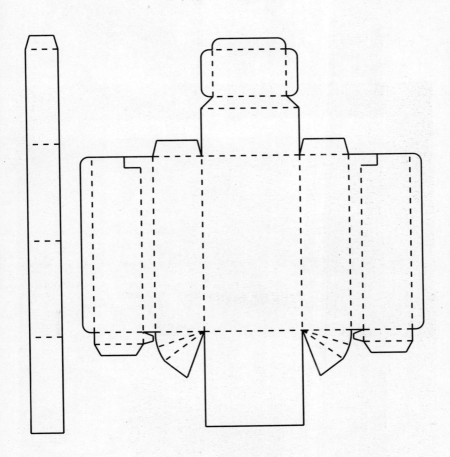

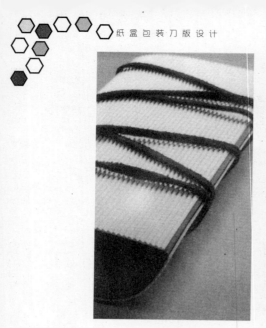

　　这是一个包装盒，设计十分大胆，形状很新颖。弧形的底座虽然不够稳重，但是却显得很灵活，突出了产品灵活、轻盈的特点。盖子合上后采取的是用绳子固定的方式，这虽然有些烦琐，但是却很独特，吸引顾客。

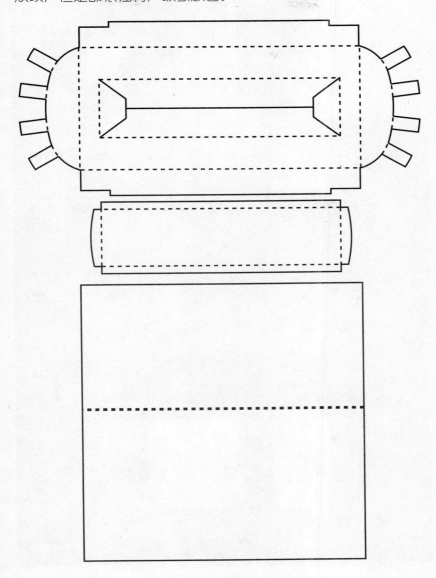

这个包装盒将产品绝大部分都表现在外面，使顾客轻而易举地看清产品，无须再为产品做宣传。同时为了考虑到稳定性，特别设计了这个可以 90°活动的折页，当它合上时，不仅使产品不易摔落，同时显得包装更完整、更紧凑。

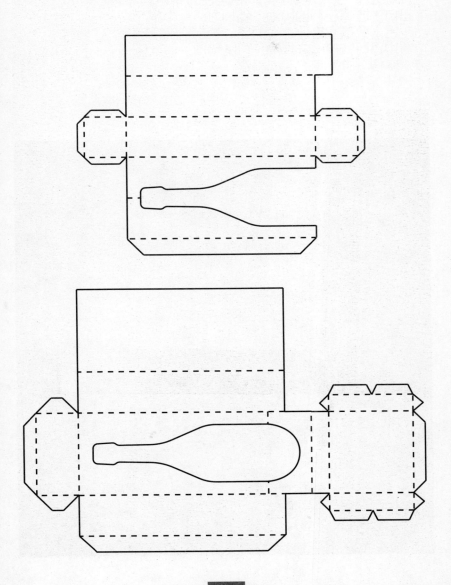

　　乍看上去它没有什么特殊的，就是一个有三个开口的长方体盒子，其实不然，它的独到之处就在这三个开口上，每一个开口可以单独打开或关闭，也就是说我们可以自由安排它们，或者自由选择它们的用处，我们可以一个放产品，另一个放宣传册……而且，长方体的摆放位置也是可以自由选择的，可以横放，可以竖放，以便适应不同产品的需要。

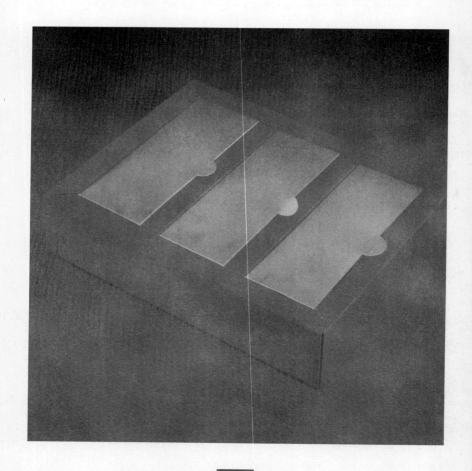

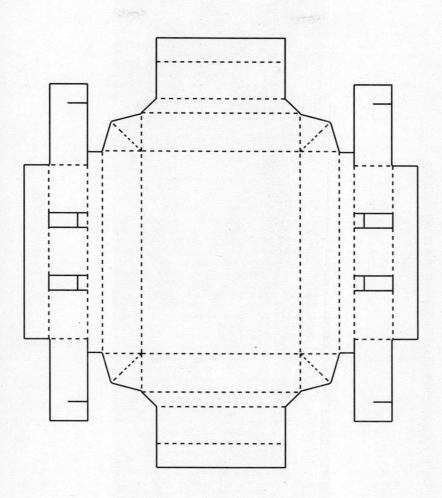

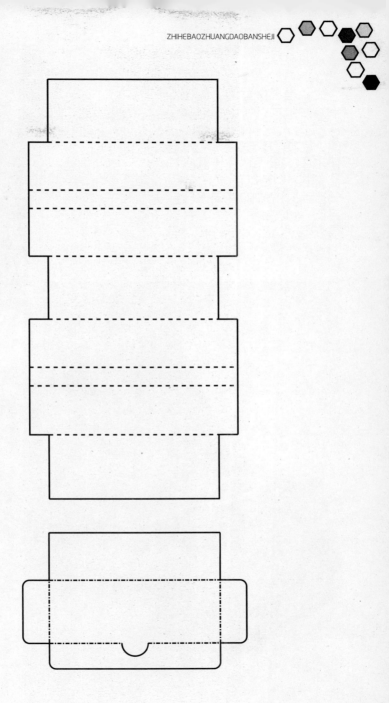

它是一个材料、制作都很简单的包装盒，但它的设计却给人一种极强的现代感，即便包装很高，也不显得笨重，原因就在于盒底与盒盖的分接处正好是黄金分割点，这样的简单设计会将产品的高贵、奢华展现得淋漓尽致。用它来为首饰做包装盒最合适不过了。

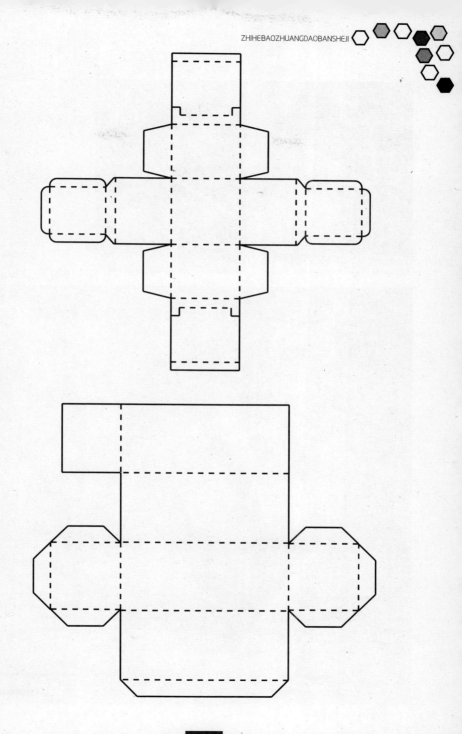

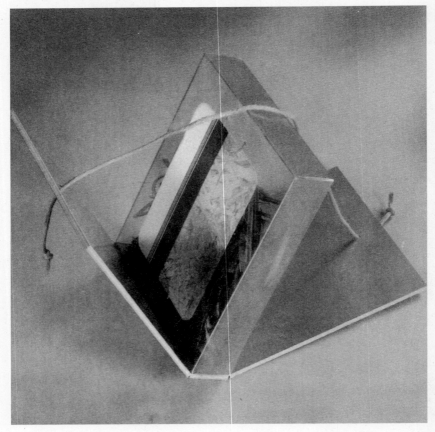

　　这个包装看上去像是一本书，可是我们却将它用来为礼券或者是 vip 卡的包装盒。首先产品被安排在中间，镶嵌在立方体盒子中。两侧分别用硬纸板做成书的封面和封底，并设计广告，用牛皮绳连接。这种设计体现了产品的收藏和纪念的意义，体现了珍贵性。

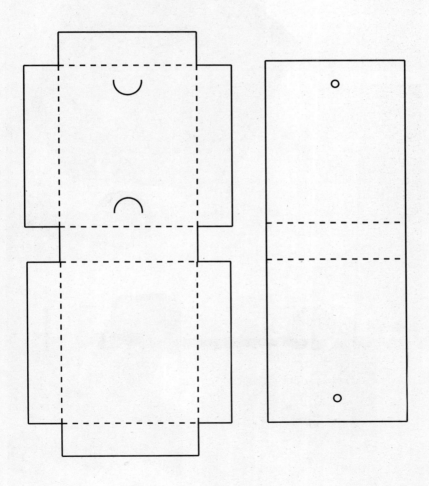

　　这是一个新的尝试，首先，做出一个正立方体，中间是一个正方形的镂空内框，然后用透明材质做出一个能正好镶嵌到正方形里两端略长于外框的长方体盒子，将它装满产品后插入到正立方体中。这个包装最好是为类似糖果这样的小的产品做展示，使产品的凌乱与外框的正规相对比。

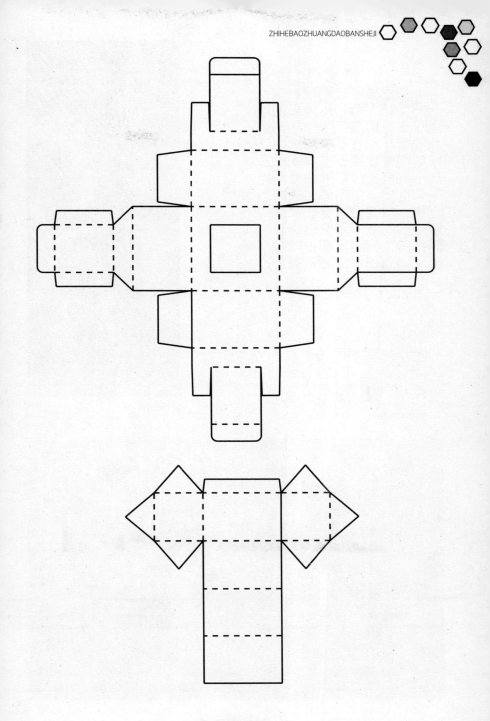

这是一个非常现代的产品包装，两个三角形的盒子最终组成了一个长方体的盒子，这个包装盒可以应用于像瓶子这样的细高形的产品。它的设计感十分强烈，富有诸多现代元素，同时也考虑到了稳定性的问题，无论是展开还是合上的时候都十分稳定，不必担心产品会摔落。

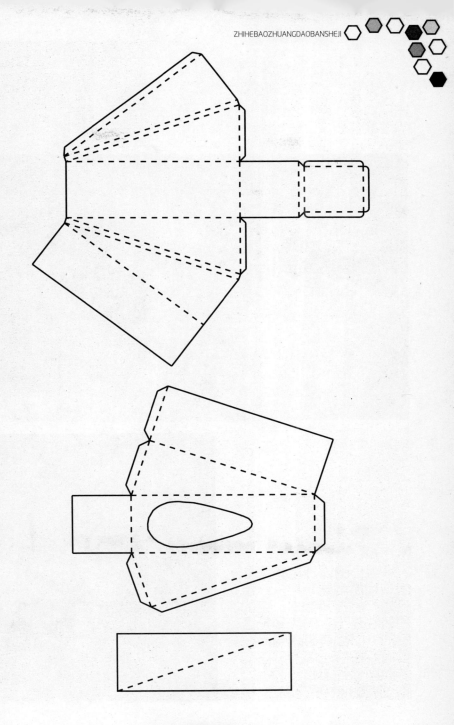

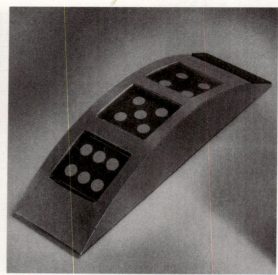

　　弧形的设计富有强烈的现代感和灵巧感，一定会为产品提升档次。它的独特性在于它的盖子是透明的，而且有磁铁隐藏在里面，使每一次的开启和关闭都显得自然、顺畅，同时清晰地展示产品。

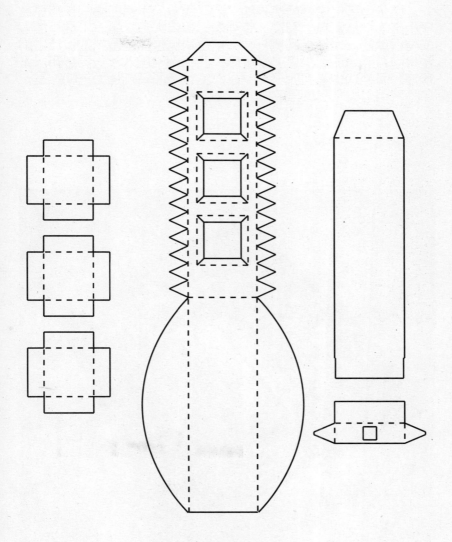

　　这个包装是由两扇侧开的"门"和一个带有凹槽的长方体盒子组成的，从整体上看设计感强烈，简单大方。每一个细节也考虑得很缜密，虽然是两侧开启，但是两侧整体包围式的设计也给整个包装盒增添了少许的厚重感，凹槽部分加入了一层衬布，不仅提升了档次也考虑到了产品易碎的特点而特别加上去的。是一个为高档酒类产品量身定做的精美包装盒。

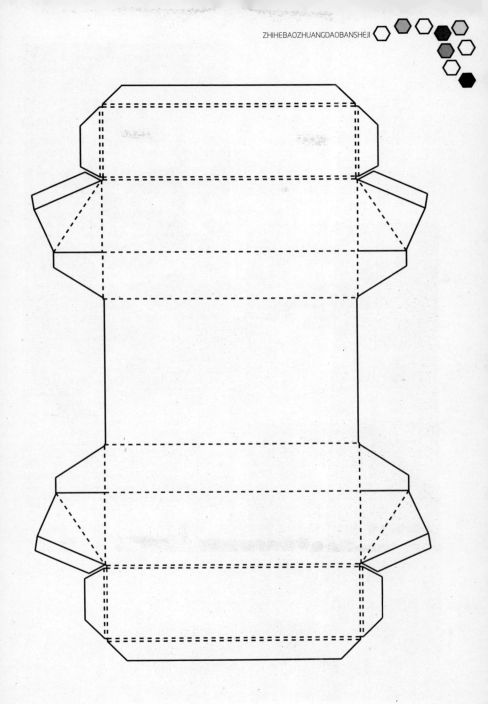

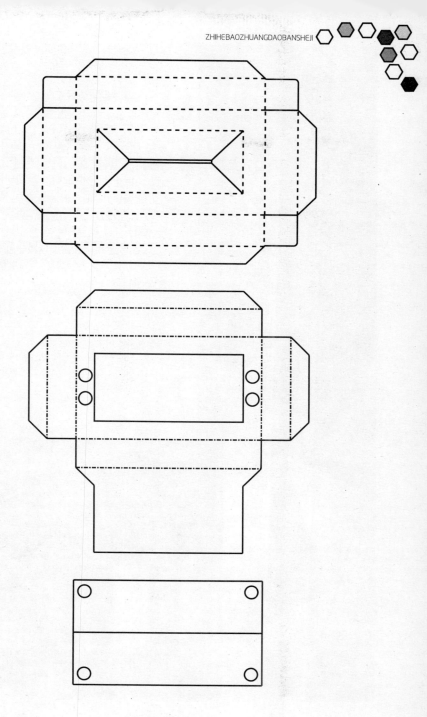

包装盒没有什么多余的部分，一切的一切都是为了完美展示这瓶酒而服务。首先，稳固的三角形结构使这瓶酒显得更加沉稳，同时也使酒瓶牢牢地立在盒子中，侧开的盒盖大方地展示了产品的特性，三角形的盒盖又与整体的三菱柱盒子相互衬托呼应。充分体现产品奢华与拥有者的尊贵。

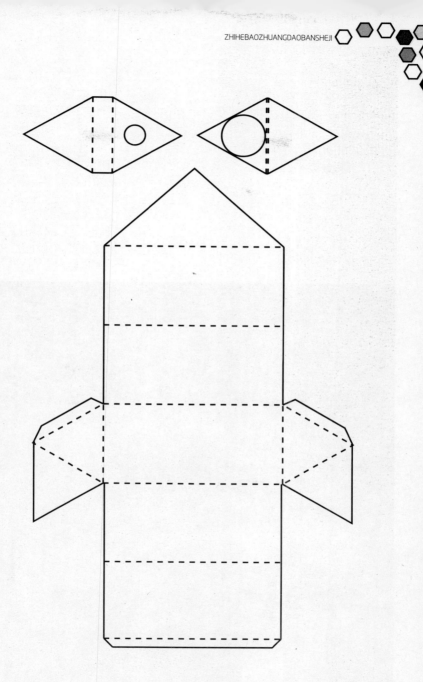

扁长的盒子，可以放下大量的产品。简约、时尚、大方的设计，展示了产品的特点和品质，用于展示巧克力最合适不过了。

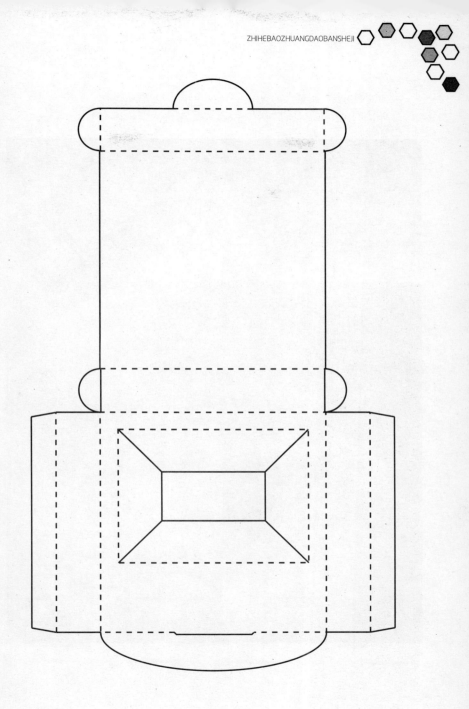

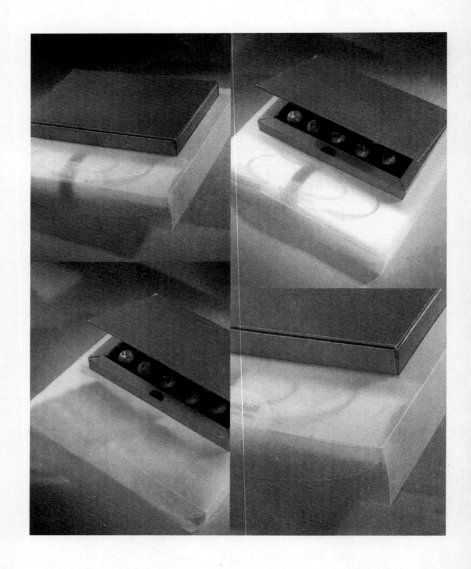

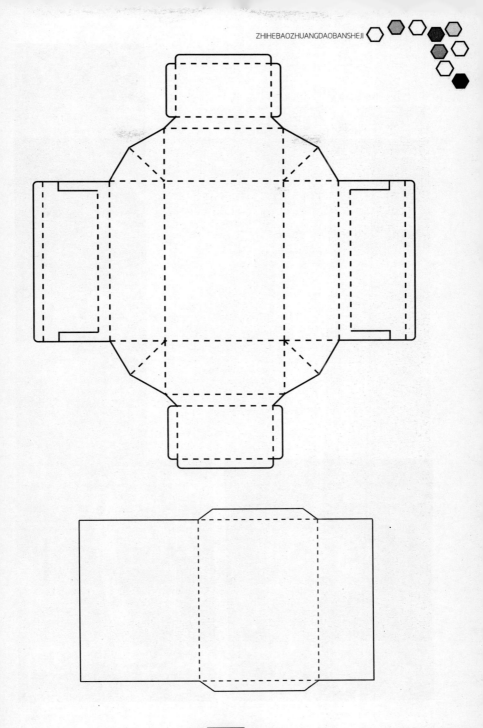

这个包装盒可以同时携带三瓶酒，三角形的设计使这三瓶酒在美学前提下完美摆放，同时也给人庄重、稳定的感觉。值得注意的是，盒子的内部必须要有一个套在瓶口上的三角形纸板，它可以起到稳定酒瓶和支撑包装盒的作用，是必不可少的。

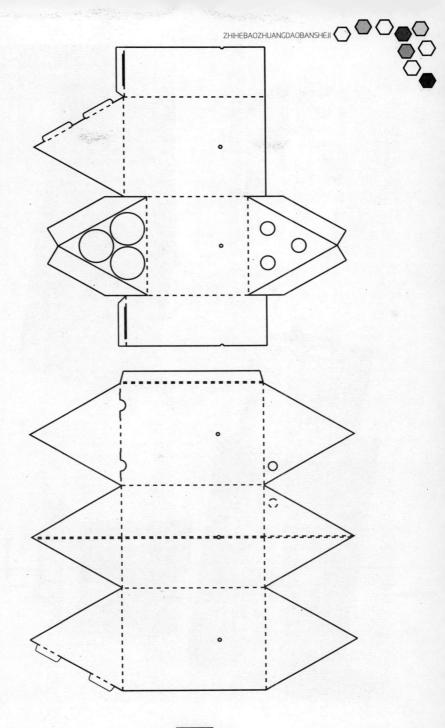

这是一个非常好玩的设计，只用三个正立方体的盒子。它有点类似于"套娃"，一个套一个，没有前后、左右、上下之分，随心所欲地使用，适合于各种各样产品。属于包装中的"百变金刚"。

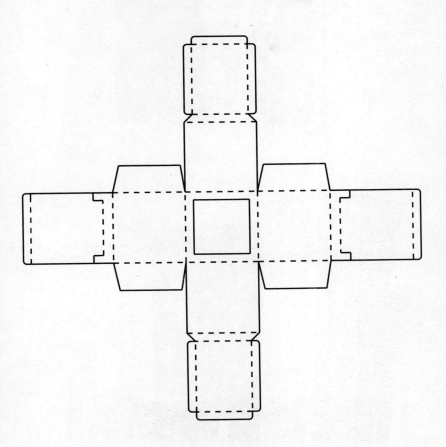

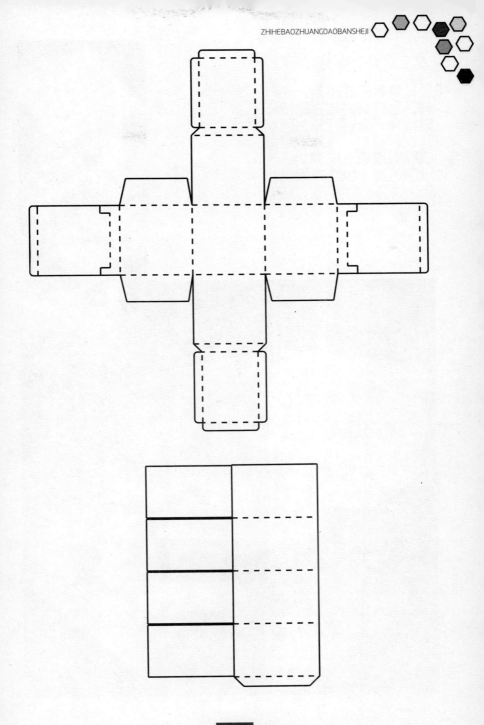

　　精美的礼品盒，一共有三层，能够独立摆放三种商品，而且打开之后可以一起展示，节省了空间的同时也给人以时尚、现代的感觉。用它来展示高档首饰应该是恰到好处的。

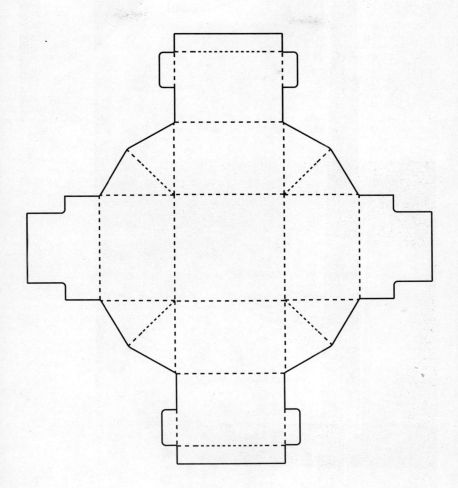

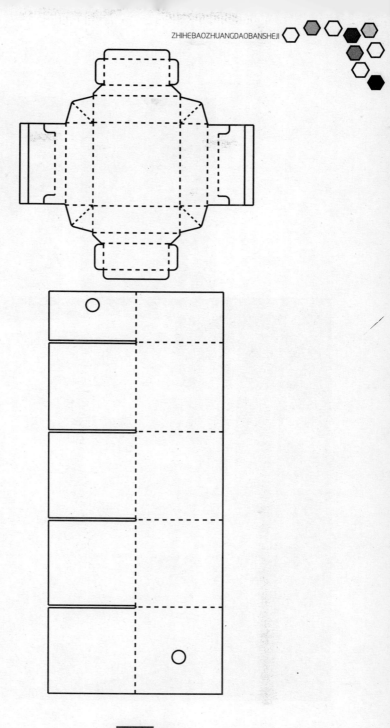

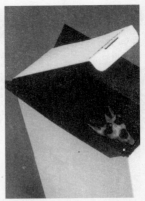

　　设计了一个斜面的盒子，其实这应该是一个普普通通
的商品包装盒，但是由于倾斜的原因，它就变得不普通了，
这是传统与现代的转变与统一。虽然倾斜，但是它却适用
于各种产品，依然有很高的实用性和稳定性。

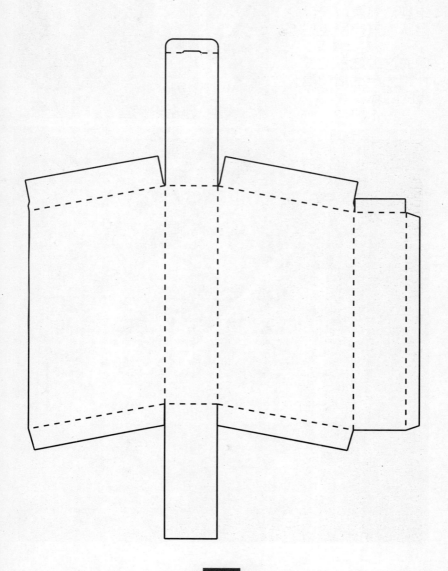

这个包装盒像是一块金条，无论用它为什么产品做包装、展示，单纯从外表就已经足以为其产品定位了——高档、奢华。同时这种梯形的设计也为产品增加稳重的韵味。

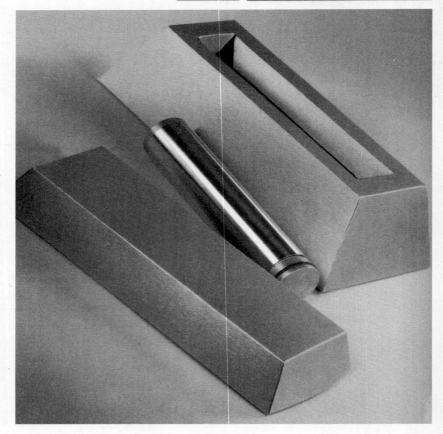

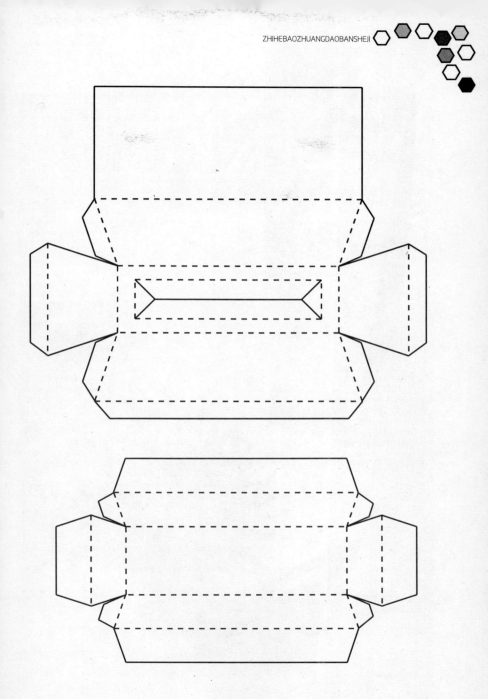

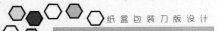
　　为包装植物而设计的,
首先一点就是要考虑到包
装的透气性, 其次是对植
物的保护性, 这两点此包
装都具备, 而且小巧灵活,
方便携带。

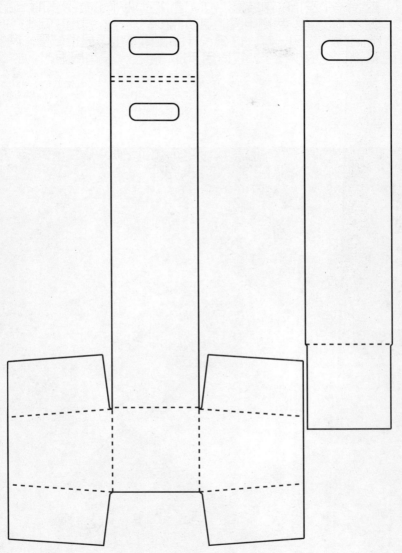

这是一个三折的包装盒，也就是说它可以同时展示三件商品，中间是主物品区，两侧用透明材质制成的盒子，显示出商品的局部，像商场的橱窗一样。这个设计即便再厚也不显得笨重，两侧折合后就显得很小巧了。它适用于任何商品，没有局限。

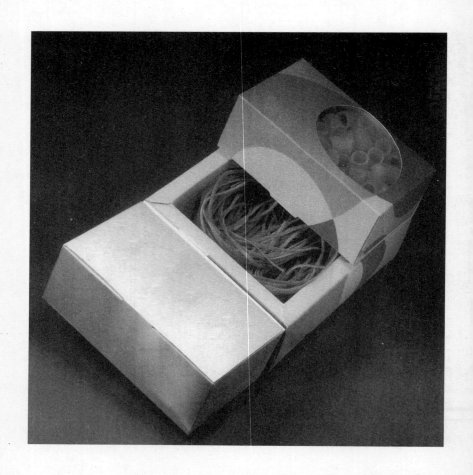

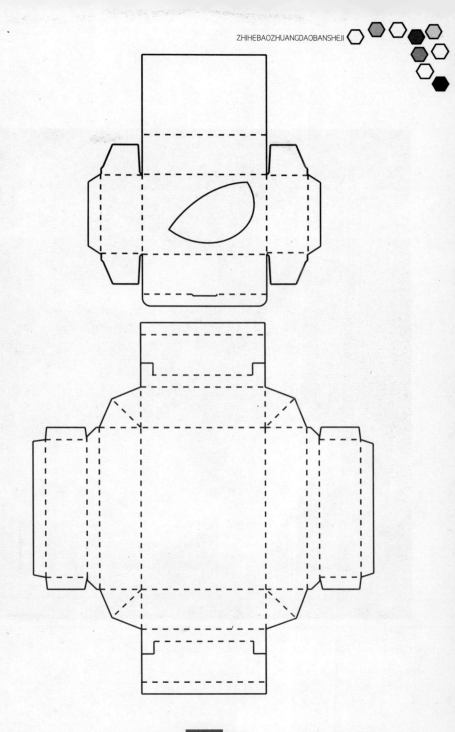

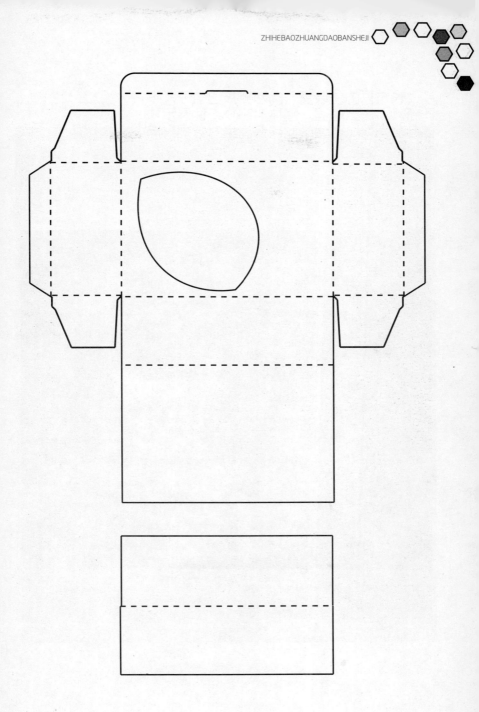

长方体的包装盒，向两侧拔出盖子，设计新颖，形式感强，整体对称。无论展示什么商品都可以选用这款包装，绝对会提升产品形象。

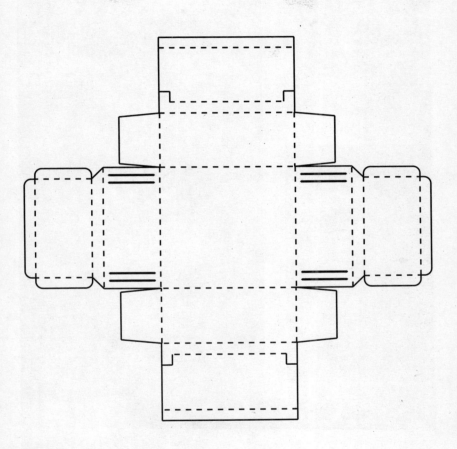

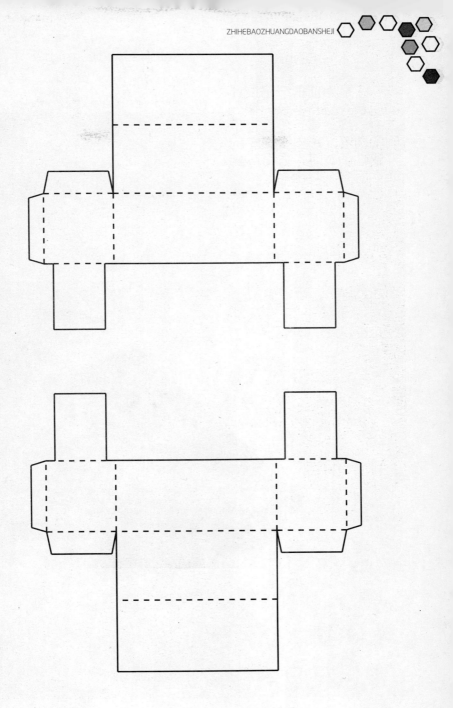

这是为球形产品设计的包装。打开包装，像一本书一样，有三个直径不同的圆圈。彰显了更多的一致性和优雅。显得简约而不简单，实用性强。

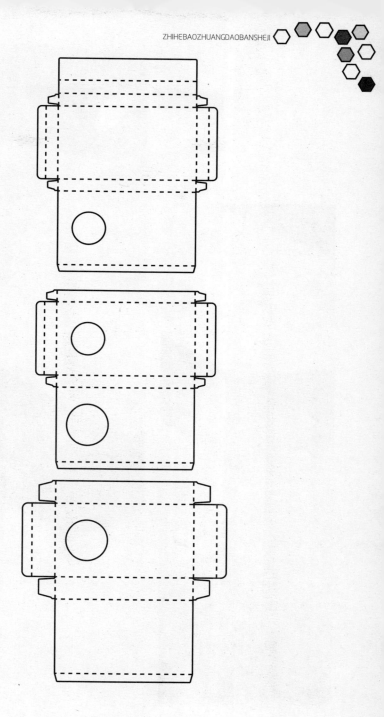

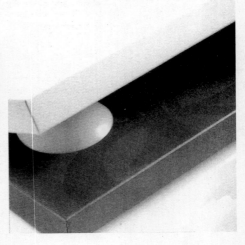

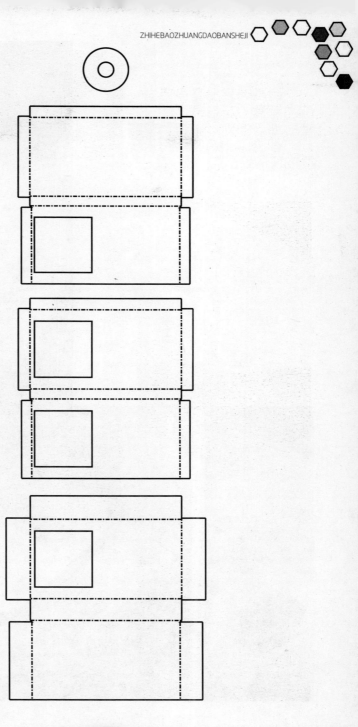

为高档商品量身定做的包装盒，左右裁开的设计，细长的外形，每一个细节都透露出奢华。有很强的设计感。

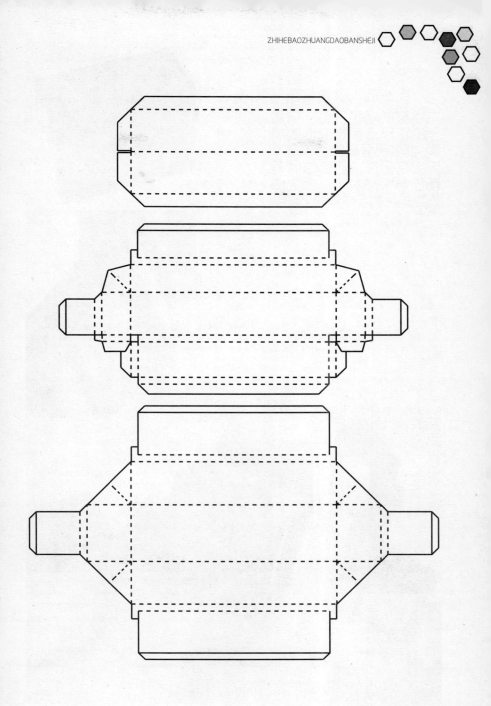

同时展示一组商品，六件套的展示。每一个盒子的正反面都是磨砂的材质，使商品显得梦幻，高档。无论是合在一起还是展开都显得十分精巧。使之成为高档化妆品的首选包装。

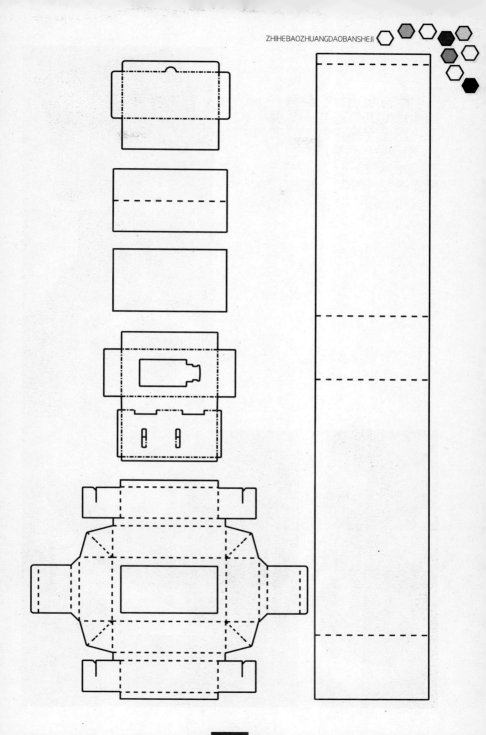

六边形设计，具有一定灵活性的同时也更显稳重，适合产品形状的同时也不忘设计的美感。合上盖子后，更显得一丝轻盈。整体简单、大方、浑厚。

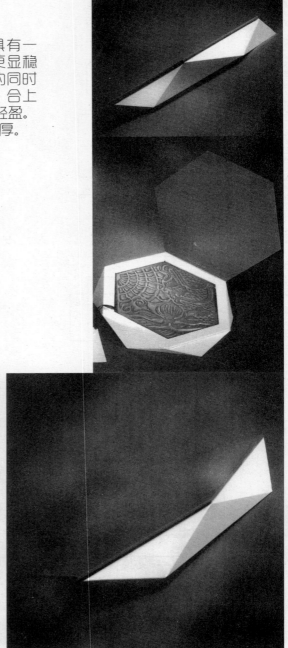

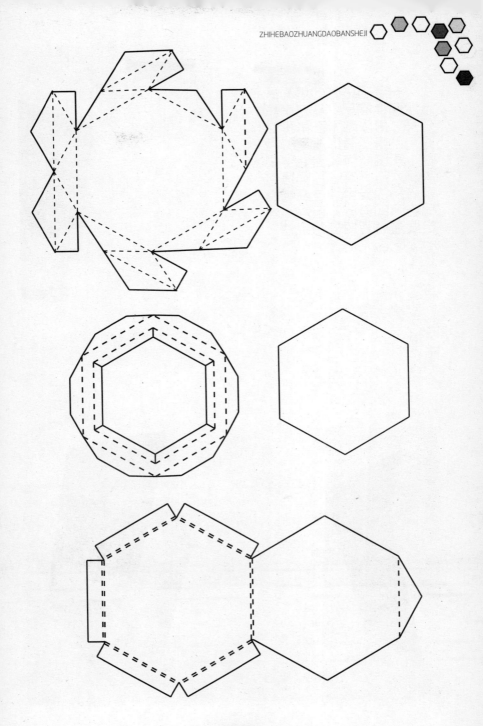

一个矩形柱的里面展示了两件商品，从对角线分开，形成两个三角形空间，利用三角形稳定的特性，使这款包装盒显得紧凑、大方、简洁并确保包装产品的安全。是高档商品包装的首选。但是，一定要注意酒瓶的稳定性，防止摔落。

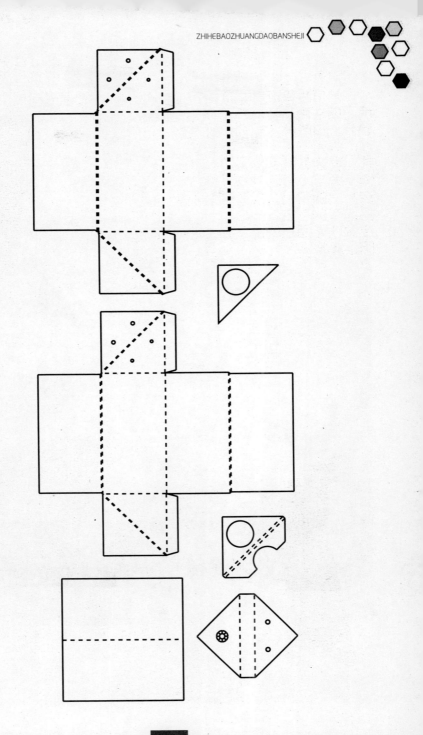

星星符号里盒包含 6 个小盒子。每一个小盒子都有独立的包装，可以分别展示同类不同样的商品。设计新颖，想法巧妙。独具匠心。适合为装饰瓶做包装。

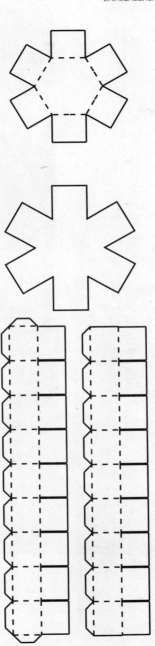

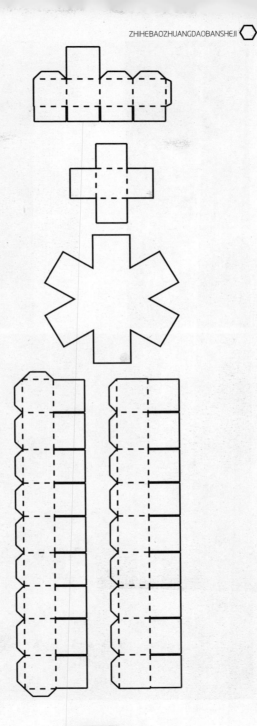

　　一个系着蝴蝶结的三角形扁盒，这是为巧克力设计的包装盒，解开绳子，左右打开盒子，两侧展示的都是巧克力，各式各样的巧克力在精美包装盒的衬托下，显得更加诱人和高贵。

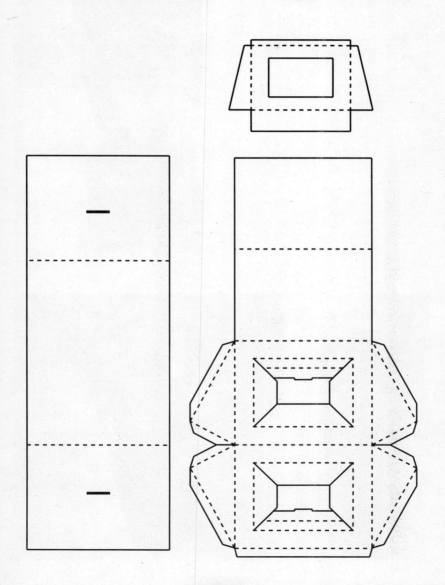

为高档葡萄酒设计的包装盒，它没有什么其他功能，就是为酒瓶而设计的包装。设计新颖的同时，这样的设计也使得酒瓶更加稳重，结实，不易摔落。包装盒的下半部分特别需要注意，它的高度必须在接近瓶口处位置，这样才能使它更稳定。

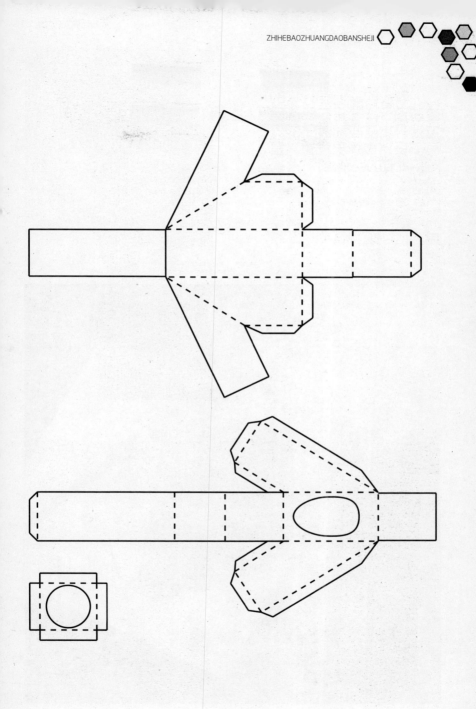

简约的设计和现代的包装设计，使得产品的品位提升，底座和盖子的三角形设计也更显稳重。是一款优雅的包装盒。

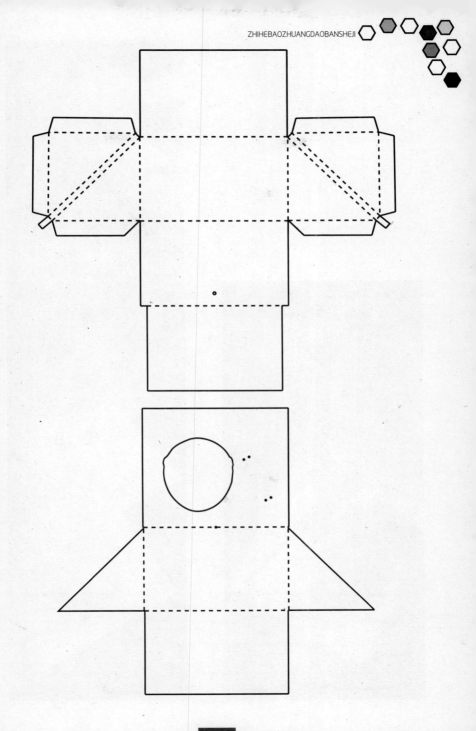

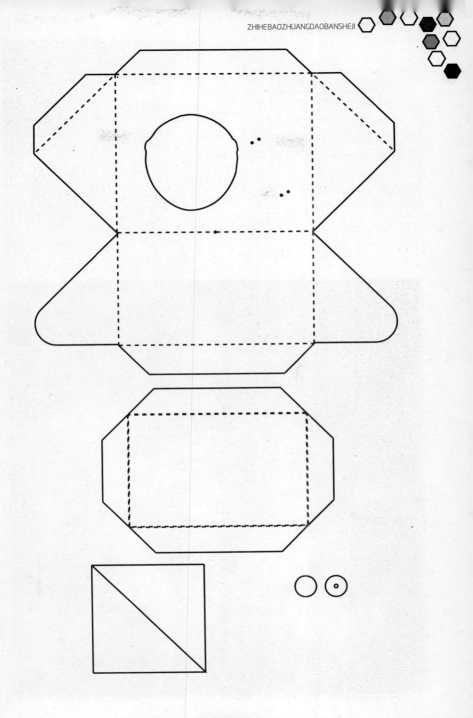

为电子产品做的包装盒，盒子中主要位置展示了产品和说明书，同时多处应用透明的材料显得商品更具设计感，设计简约大方，干净利落，处处体现着高科技的感觉。可以快速提升产品形象。

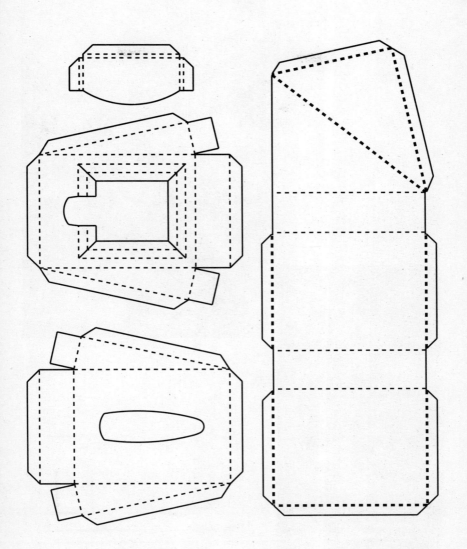

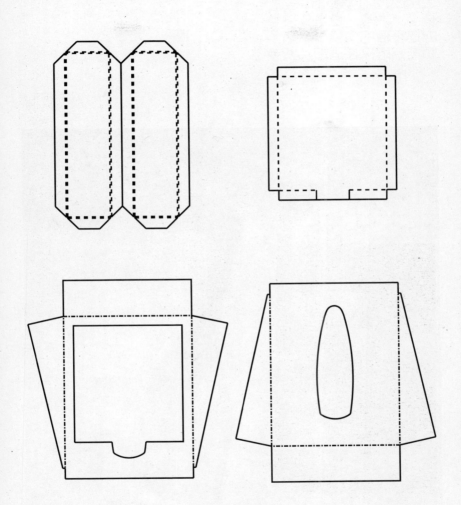

这就是一个单纯的包装盒，没有任何修饰，干净、直接、大方，但是要注意的是正面的凹槽形状必须精准，能夹住酒瓶，以免酒瓶摔落。

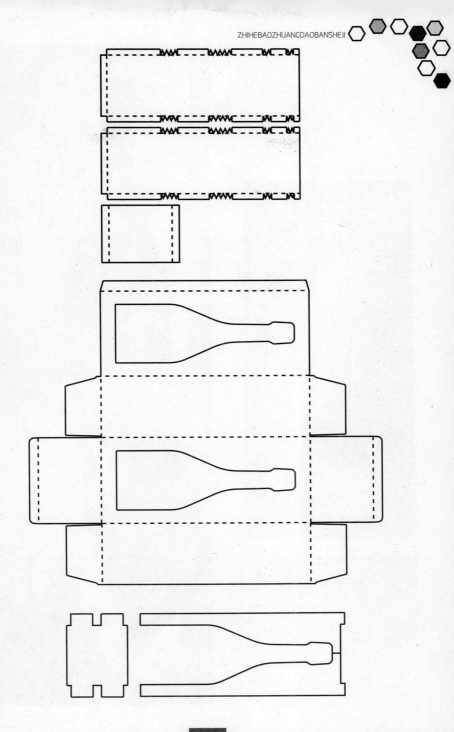

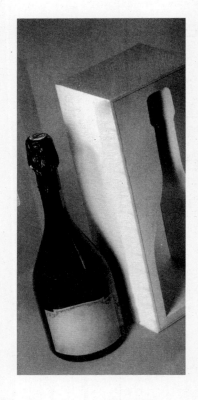

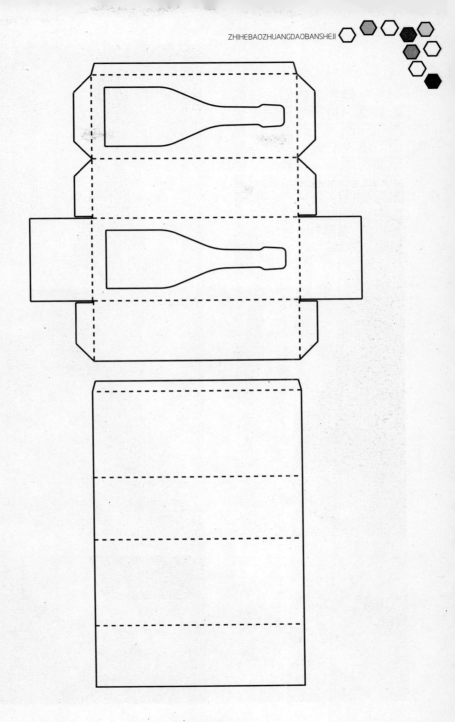

　　一款为高档酒设计的
包装盒，打开盖子后，里
面共分两层，最上一层是
酒，直入主题，取走上层
下面是酒杯，两种商品合
在同一包装盒里，同时盒
盖内侧可以夹带产品的宣
传册。合上盖子后是一个
长方体，使整件商品高尚、
典雅、奢华。

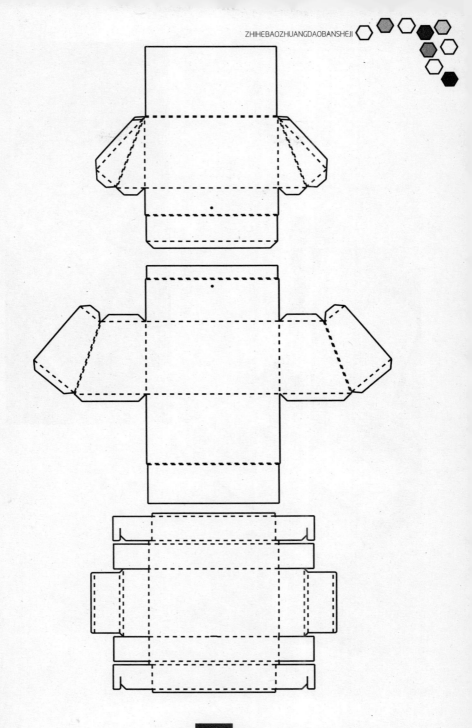

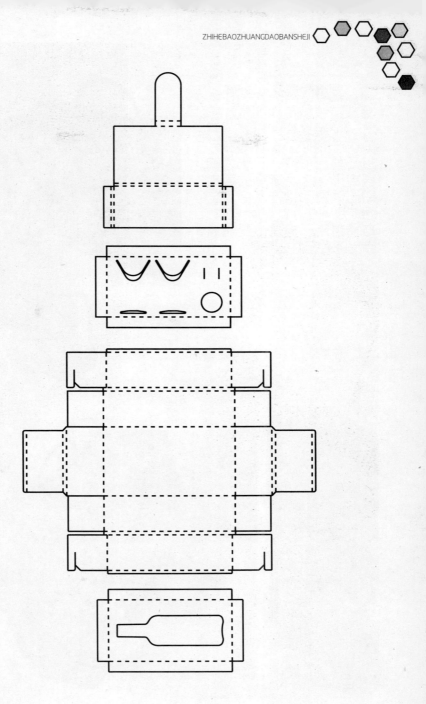

它可以同时为两件商品做包装，有趣的是，它是一个手提袋的形状，两个长方形的盒子可以打开，打开后会形成一个更大的长方形，这为产品的宣传留出大量的地方，合上之后就是一个小巧的手提袋，方便携带。但是，要注意商品的稳定性。

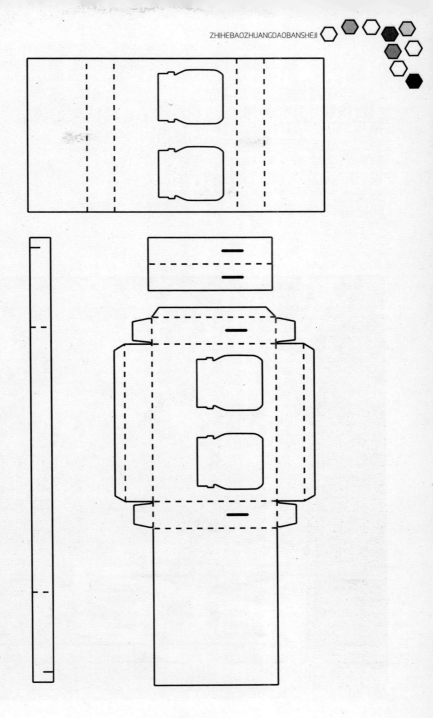

手提袋本身就是产品的包装，可以放置商品或者小册子，但是在手提袋的下方有一组透明的六宫格，它可以更直白地展示产品特性。这种双重性使它更加实用的同时也富有极强的设计感，具有很好的形式美感。是一个大胆的打破传统的新尝试。

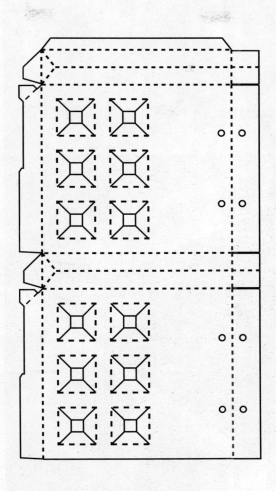

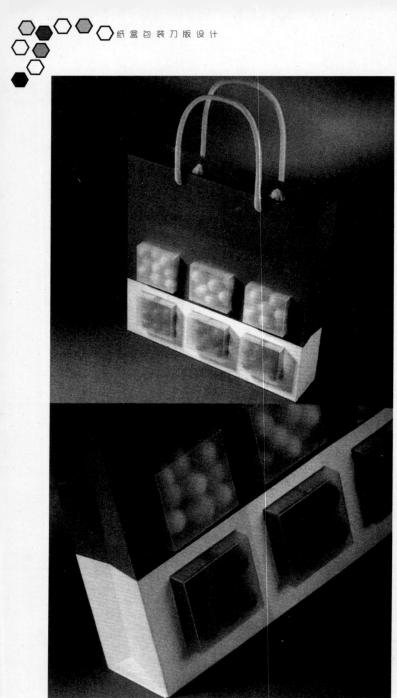

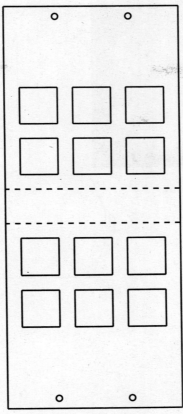

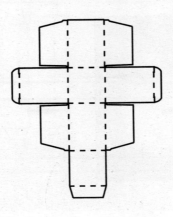

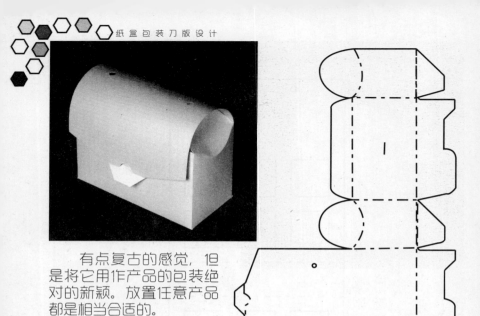

有点复古的感觉，但是将它用作产品的包装绝对的新颖。放置任意产品都是相当合适的。

菱形的设计显得很正式，可以用来展示高档葡萄酒，圆形的酒瓶与带有棱角的包装形成鲜明强烈的对比。

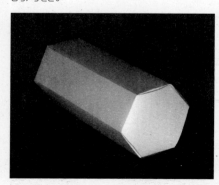

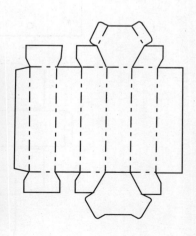

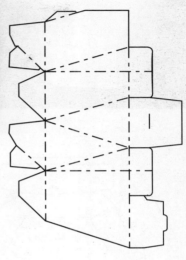

多边形的设计，显得十分灵动，但上顶和下底却是水平，既上下呼应，也增加了稳重性。适合于任意产品。

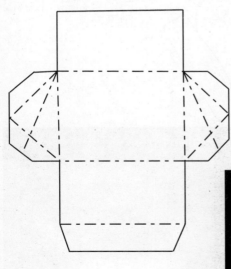

奇特的三角形盒子，虽然奇特，但三角形的稳定性却使得这种奇特很稳重，一点都不凌乱。可以用来展示酒或糖果。

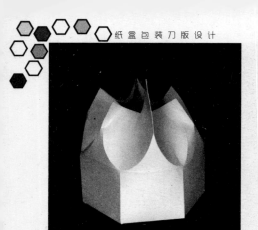

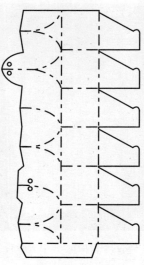

给人的感觉，上顶圆滑，下底直硬，这种对比，使得这个包装盒显得十分灵活，有特点，让人过目不忘。

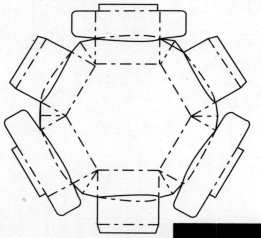

多边形扁平的设计，貌似很少有产品能用得上，但是，它却可以为茶砖做完美的包装。两者可以算得上完美。

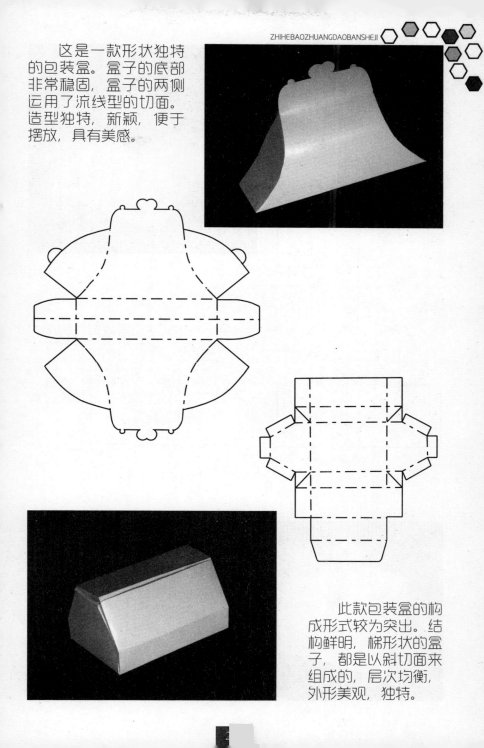

这是一款形状独特的包装盒。盒子的底部非常稳固，盒子的两侧运用了流线型的切面。造型独特，新颖，便于摆放，具有美感。

此款包装盒的构成形式较为突出。结构鲜明，梯形状的盒子，都是以斜切面来组成的，层次均衡，外形美观，独特。

这是一款多边形的包装盒。构成形式较为突出，设计大胆新颖，简单大方，灵活，轻便，任意摆放。适用于任何产品，独特的构成形式体现了盒子整体的美感。

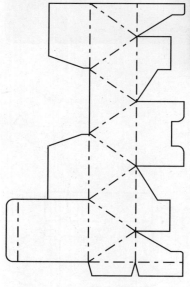

此款包装盒具有独特的构成形式，形状与众不同，盒子前后由两个斜切面组成，底部非常稳固，设计新颖，美观。巧妙独特的构成形式体现了盒子整体的美感。

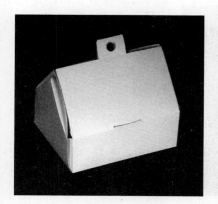

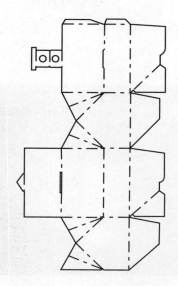

此款包装盒的构成形式是非常新颖独特的。运用五角星的圆形锁扣设计，使其增强形式上的美感。巧妙地运用了切面的设计元素。更主要的它不需要任何的黏合剂，用于食品包装更能体现健康、绿色、环保的理念。

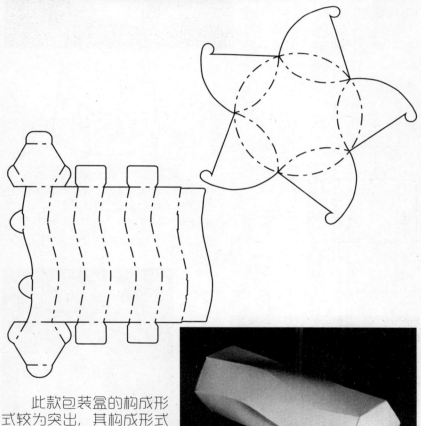

此款包装盒的构成形式较为突出，其构成形式是六棱柱的结构，流线型的线条体现了盒子整体的美感。设计大胆新颖，简单大方，灵活，轻便。

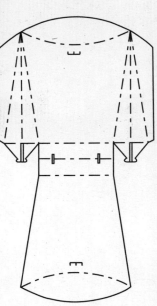

此款包装盒为扁平形。盒子的两侧运用斜切面来展现，盒子上顶为弧形，外形美观，独特新颖，便于摆放，适用于任何产品。

此款包装盒主要以菱形的构成形式来设计的。盒子底部为正方形，具有稳固性，菱形的边缘运用了花边的元素，既大方又美观。便于摆放，很好地展现出产品的特征。

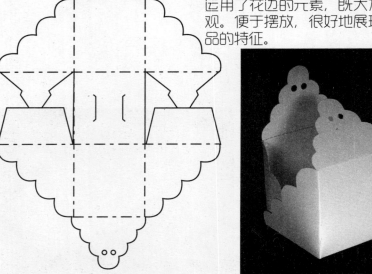

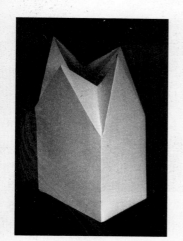

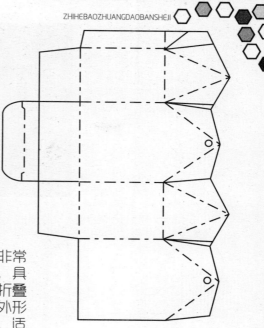

　　这款包装盒的构成形式非常独特。盒子的底部为正方体，具有稳定性的作用。顶端是以折叠的形式展现，设计感较强。外形美观，独特新颖，便于摆放，适用于任何产品。

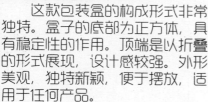

　　此款包装盒以正方体的构成形式来展现。盒子的整体具有稳固性，上顶的拎手设计也具有美观的作用，方便携带，具有较强的美感。

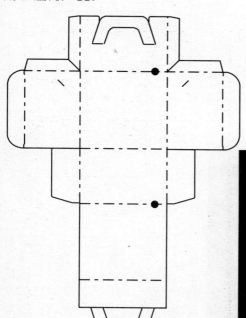

这是一款扁平形的盒子。整体是由长方形的形式构成，盒子的边缘是由花边的元素来设计的，设计新颖，外观具有较强的美感。

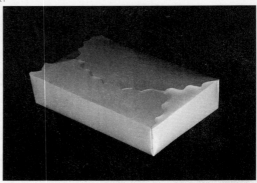

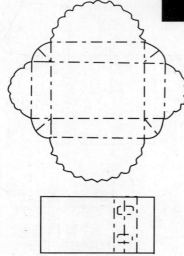

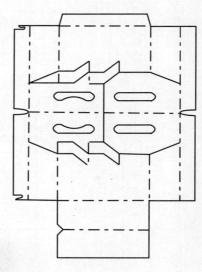

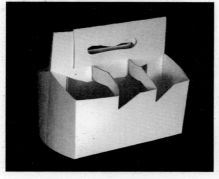

这款包装盒的设计非常新颖，独特，具有较强的构成形式。盒子为长方体，盒子的内部有隔层，便于摆放多样的产品，具有较强的层次感，非常巧妙地展现了产品的特征。

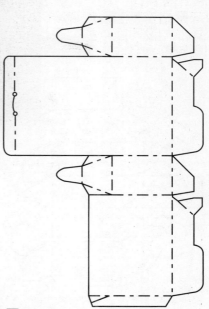

这款包装盒的设计非常美观。盒子为长方体，上顶的弧形设计也非常有特点。整体的设计简单大方，优雅，灵活，轻便。

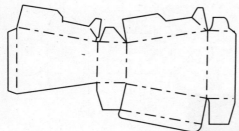

这款包装盒的设计简单大方。盒子为扁平形，由梯形的形式构成。便于摆放，很好地展现出产品的特征。

此款包装盒的设计具有较强的独特性。由六棱柱的形式展现此产品，盒子顶部的设计也有独特的构成形式，设计大胆巧妙，富有现代的设计感。

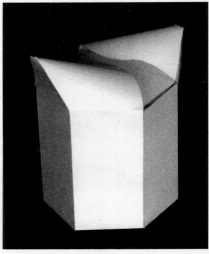

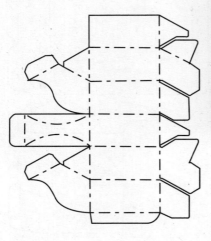

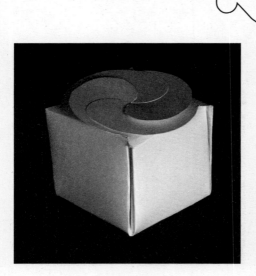

原本简单呆板的正方体盒子，却因顶部圆形锁扣设计而增强了形式上的美感。更主要的是它不需要任何的黏合剂，用于食品包装更能体现健康、绿色、环保的理念。

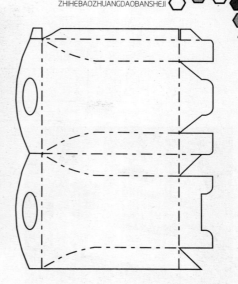

简单的包装袋，灵感来源于手提袋，但是下方加以改进，大大提升了稳定性，使它不仅便于携带，同时也可展示产品，美观时尚。

这款包装盒是以长方形的结构为主，上顶的设计新颖巧妙，简单大方，使其增强形式上的美感。

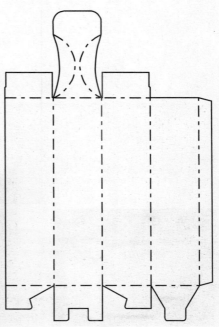

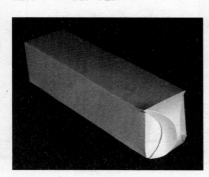

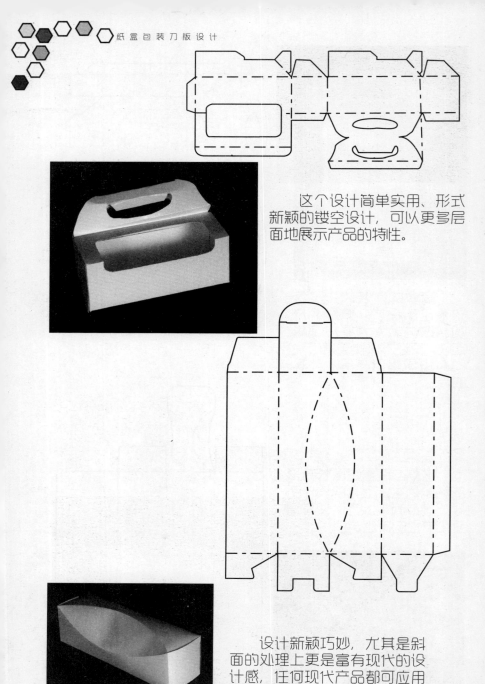

这个设计简单实用、形式新颖的镂空设计，可以更多层面地展示产品的特性。

设计新颖巧妙，尤其是斜面的处理上更是富有现代的设计感，任何现代产品都可应用此套刀版。

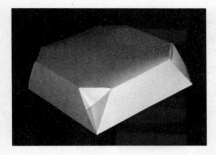

这款包装是为了放置茶饼而设计。四周的倒角起到了加固圆形产品的作用。外形上与产品浑然一体。轻巧、优雅、大方。

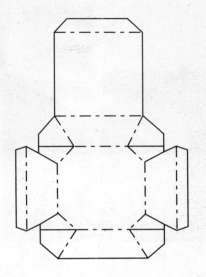

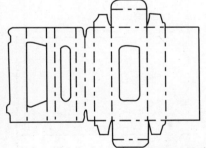

扁长形的外观富有较强灵动性，设计巧妙，构思新颖。形式简单，实用性强。其中拎手部分的设计体现了更加人性化的理念。

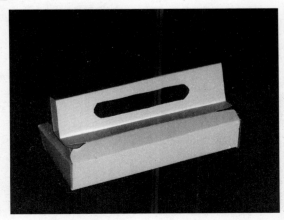

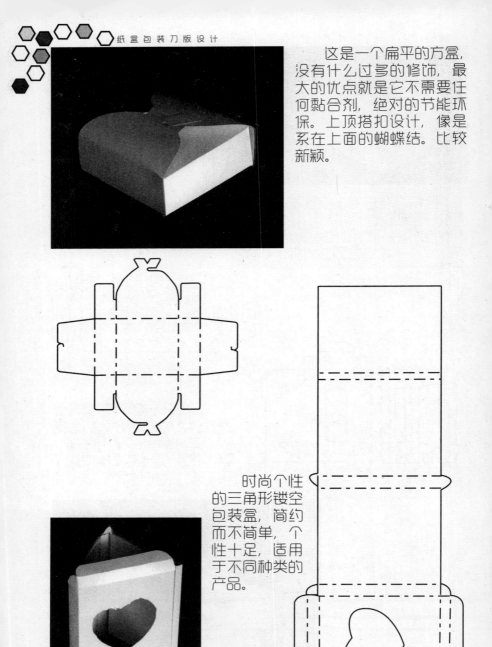

这是一个扁平的方盒，没有什么过多的修饰，最大的优点就是它不需要任何黏合剂，绝对的节能环保。上顶搭扣设计，像是系在上面的蝴蝶结。比较新颖。

时尚个性的三角形镂空包装盒，简约而不简单，个性十足，适用于不同种类的产品。

为蛋糕设计的小巧的方块包装，最主要的是，它不需要胶水，便可自行组装。小巧、灵活、轻便。

简单得不能再简单了，这个适合于任何产品的包装，绝对的实用。

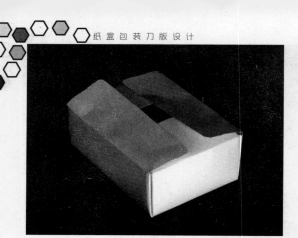

简易的正方体包装盒，可以自行折出，简单实用。适用于任何产品。

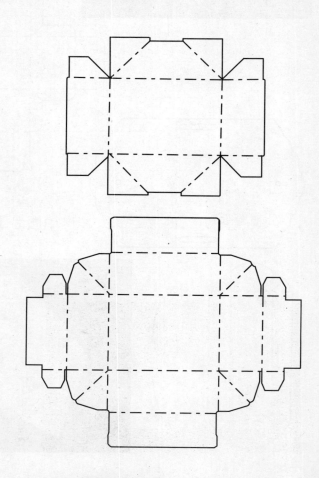

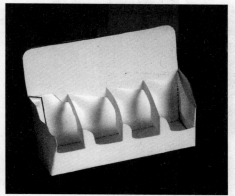

这是为啤酒设计的包装盒，可以同时放置四瓶啤酒。它的特点体现在它并不需要过多的广告，裸露在外的产品即可说明一切，并且制作成本低廉。形式感强。

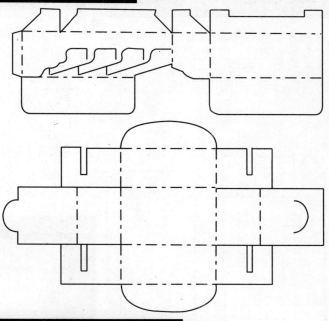

它应该是给糖果做的包装盒，外形独特，乍看上去就像是一颗大糖果，为其做展示包装最合适不过了。

283

这个盒子很新颖，三角形的设计很独特，可以用来为啤酒做包装。而且细节方面，例如它有拎手，方便携带和运输。

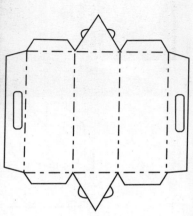

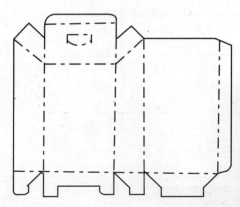

这是将传统几何图形变形，设计出的富有较强现代感的新型包装盒，无论是为何种产品服务，都能吸引较多的年轻人的目光。

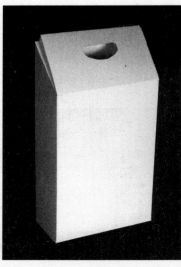

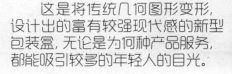

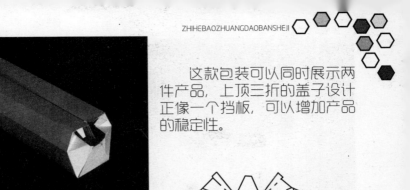

这款包装可以同时展示两件产品，上顶三折的盖子设计正像一个挡板，可以增加产品的稳定性。

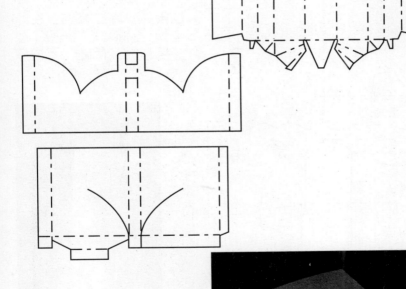

两个矩形的圈，一个有底，一个没有底，两个全套在一起，就会是一个精美的光盘盒或者是放小册子的。

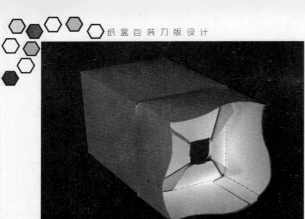

奇特的形状，巧妙的构思，灵活的设计，使得这个包装盒用起来得心应手。

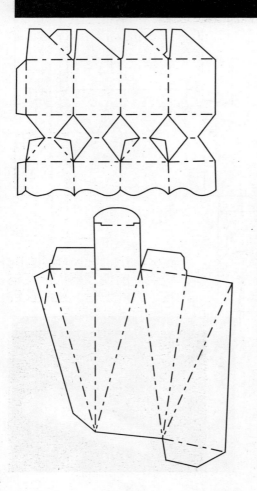

细高挑的外形，现代、时尚、简洁。底粗顶扁的设计，增加了稳定性和实用性。无论放入什么产品，都会是一个不错的选择。

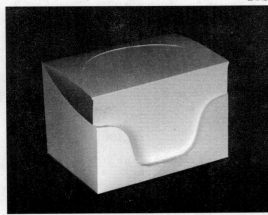

方形的设计给人一种小巧的简约美感，垂直的顶盖与曲线的立面形成鲜明的对比，同时两侧镂空的设计为盒中的产品增添了一丝的神秘感。吸引顾客。

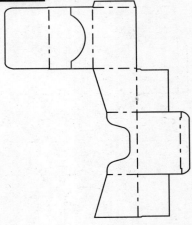

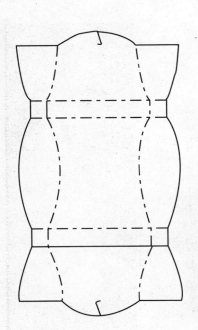

底面的方形设计和顶面的弧形应用，体现了现代元素与实用性的完美结合。它应该会成为不错的食品类包装。

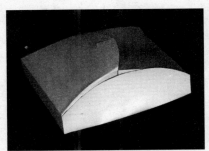

"谢谢"！——予我们善意与帮助的每个人！
应感激之邀，我们认真生活！

范云鹏
2012 年 6 月